はじめに

　みなさんは、自分が毎日どんな音をききながら生活しているか、意識したことはありますか。そのような機会はめったにないかもしれませんが、じつはわたしたちは、いろいろな音にかこまれてくらしています。

　自然の中にいれば、木の葉が風でゆれる音や川のせせらぎの音、鳥の鳴き声などがきこえるでしょう。街の中であれば、たくさんの人の話し声や足音、自動車の音などが耳にとどきます。また、家で静かにしているときでも、エアコンの音などはきこえるでしょう。

　こうしたさまざまな音は、いつも耳に入り、きこえています。ただ、つねに身のまわりにあるのがあたり前なので、空気といっしょで、わたしたちが気にすることはほとんどありません。ところが、わたしたちの毎日の生活は、その空気のような音に、とても大きな影響を受けているのです。

　たとえば人間は、きこえる音によって、ここちよい気分になることもあれば、逆に不安になったり、落ち着かない気持ちになったりすることもあります。また、音によって、勉強や仕事のはかどりぐあいが変わったり、あたたかさや冷たさを感じたりするという研究の例もあります。そうきくと、音のことをくわしく知りたいという気持ちになってきませんか。

　この本では、音のしくみや性質、音のきこえ方、わたしたちの生活とのかかわりなどを、わかりやすく解説しています。読んでくれたみなさんには、まず音の基本がわかってもらえるでしょう。そして、みなさんのなかから、音のおもしろさや音の世界のさらなる広がりに興味をもつ人が出てきてくれたら、うれしく思います。

戸井 武司

もくじ

はじめに 2
この本の使い方 6

第1章　音の科学 7

わたしたちのまわりの音 8
音の正体をさぐる 10
音の性質を知る 12
音がうまれるしくみ 18

音のふしぎ①
サイレンの音がとちゅうで変わるのはなぜ？ 20

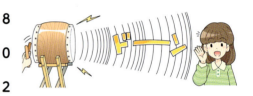

第2章　生きものと音 21

のどから音を出すしくみ 22
音をきくしくみ 24
動物と音 28
音を感じる 32

音楽のなかの音 36
楽器からうまれる音 38
音を伝えるための技術 42
音を記録する技術 46

音のふしぎ②
音楽室のかべに穴があいているのはなぜ？ 48

第3章　音の意外な活用法 49

音でよごれを落とす　超音波洗浄 50
音でようすを調べる　超音波センサー 52
音を医学に役立てる　超音波による診断と治療 54
音で加工する　超音波加工 56
音とミクロの世界　超音波顕微鏡・超音波加湿器 58
音で音を消す　アクティブノイズコントロール 60

音のことをもっと知ろう！ 62
さくいん 63

この本の使い方

この本では、わたしたちにとって、とても身近なものですが知らないことも多い「音」について、いろいろな面からくわしく解説しています。全体を、次のようなページで構成してあります。

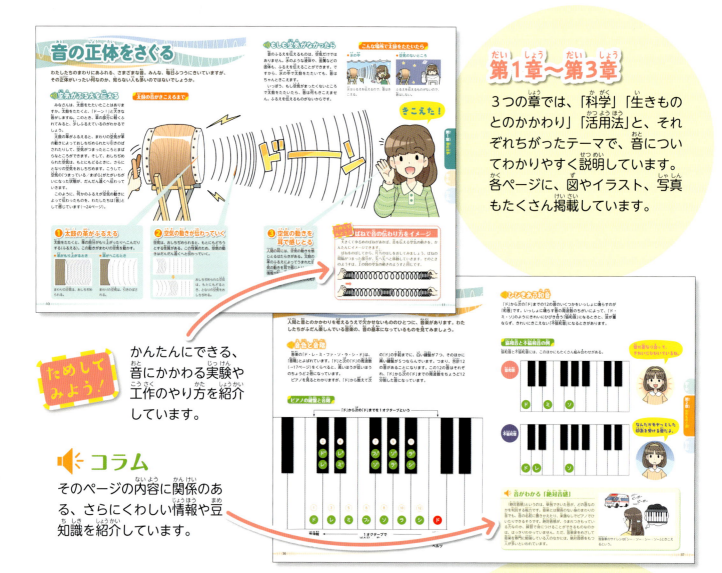

第1章〜第3章

3つの章では、「科学」「生きものとのかかわり」「活用法」と、それぞれちがったテーマで、音についてわかりやすく説明しています。各ページに、図やイラスト、写真もたくさん掲載しています。

ためしてみよう！
かんたんにできる、音にかかわる実験や工作のやり方を紹介しています。

コラム
そのページの内容に関係のある、さらにくわしい情報や豆知識を紹介しています。

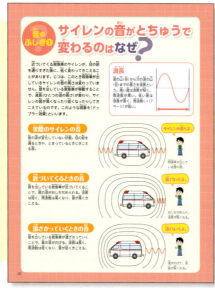

音のふしぎ
みなさんがきっと感じたことがある、音にまつわる疑問を、科学的に解明するコーナーです。章と章の間にあります。

さくいん
この本に出てくるおもなことばを、50音順にならべています。調べたいことがらをさがすのに活用してください。

音のことをもっと知ろう！
音についてより深く学べる、全国のおもな施設を紹介しています。近くにあったら、行ってみるのもいいでしょう。

第1章

音の科学

わたしたちはふだん、いろいろな音をきいたり出したりしていますが、「音」とは、いったい何なのでしょうか？　まずは科学の面から、音を考えてみることにしましょう。

わたしたちのまわりの音

わたしたちはふだん、生活の中でどのような音にふれているのでしょうか。まずは、そのことを考えてみましょう。

どんな場所も音であふれている

わたしたちのまわりにある音としては、まず、自然がうみだす音があります。風の音や雨の音、そして、さまざまな生きものが発する音です。

街の中も、さまざまな音であふれています。人間が歩く足音や、走る自動車が出す音などがきこえます。もちろん人間の声も、音です。

そして、家の中にもたくさんの音があります。テレビから出る音声や音楽のように、わたしたちが楽しむための音もありますし、さらには、電話の呼び出し音や目ざまし時計のアラームなどのように、わたしたちに何かを知らせる役割をもっている音もあります。

音の正体をさぐる

わたしたちのまわりにあふれる、さまざまな音。みんな、毎日ふつうにきいていますが、その正体がいったい何なのか、知らない人も多いのではないでしょうか。

🔊 空気がふるえを伝える

太鼓の音がきこえるまで

みなさんは、太鼓をたたいたことはありますか。太鼓をたたくと、「ドーン！」と大きな音がしますね。このとき、革の部分に軽くふれてみると、少しふるえているのがわかるでしょう。

太鼓の革がふるえると、まわりの空気が革の動きによっておしちぢめられたり引きのばされたりして、空気がつまったところとまばらなところができます。そして、おしちぢめられた空気は、もとにもどるときに、さらにとなりの空気をおしちぢめます。こうして、空気の「つまっている／まばら」がたがいちがいになった状態が、だんだん遠くへ伝わっていきます。

このように、何かのふるえが空気の動きによって伝わったものを、わたしたちは「音」として感じています（→24ページ）。

❶ 太鼓の革がふるえる

太鼓をたたくと、革の部分がもり上がったりへこんだりする（ふるえる）。この動きがまわりの空気を動かす。

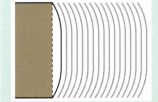

●革がもり上がるとき

まわりの空気は、おしちぢめられる。

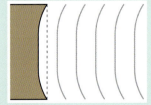

●革がへこむとき

まわりの空気は、引きのばされる。

❷ 空気の動きが伝わっていく

空気は、おしちぢめられると、もとにもどろうとする性質がある。この性質のため、空気の動きはだんだん遠くへと伝わっていく。

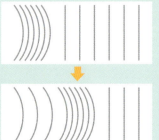

おしちぢめられた空気は、もとにもどるとき、となりの空気をおしちぢめる。

もしも空気がなかったら

音のふるえを伝えるものは、空気だけではありません。水のような液体や、金属などの固体も、ふるえを伝えることができます。ですから、水の中で太鼓をたたいても、音はちゃんときこえます。

いっぽう、もし空気がまったくないところで太鼓をたたいたら、音は何もきこえません。ふるえを伝えるものがないからです。

こんな場所で太鼓をたたいたら

●水の中

水はふるえを伝えるので、音はきこえる。

●空気のないところ

ふるえを伝えるものがないので、音はしない。

きこえた！

ドーーン

第1章 音の科学

③ 空気の動きを耳で感じとる

人間の耳には、空気の動きを感じとるはたらきがある。太鼓の革のふるえによってうまれた空気の動きを耳で感じとり、その情報が脳に伝わったとき、わたしたちは「太鼓の音がきこえた」と感じる。

ためしてみよう！ ばねで音の伝わり方をイメージ

大きくてゆるめのばねがあれば、音を伝える空気の動きを、かんたんにイメージできます。

ばねをのばしてから、片方のはしをおしてみましょう。ばねの間隔がつまった部分が、先へ先へと移動していきます。そのときのようすは、上の図の空気の動きのようすと同じです。

音の性質を知る

ふるえが伝わってきこえる音。では、その音にはどんな性質があるのでしょう。また、どうしていろいろな種類の音があるのでしょうか。

🔊 音にも速さがある

音は、ふるえが伝わることで、はなれた場所までとどきます。その速さはどれくらいでしょうか。

空気の中を伝わるときの音の速さは、1秒間におよそ340mです。ただし、気温によって音の速さは変わり、気温が1℃上がるごとに、音が1秒間に進む距離は0.6mずつ長くなります。これは、気温が上がると空気をつくる目には見えないつぶがはげしく動き、ふるえが伝わりやすくなるからです。

さらに、ふるえを伝えるものが何か、つまり、音がどこを伝わるかによっても、音の速さは変わります。

音は、かたいものの中を伝わるときのほうが、より速くなります。そのため、空気中より水中、水中より氷の中、氷より木や鉄の中のほうが、より速く伝わります。

駅のホームで列車を待っていると、列車の音はしないのに、線路からはカタカタと音がきこえることがあります。これは、空気中を伝わる音より、レールの金属の中を伝わる音が速いために起こる現象です。

1秒間に進む距離をくらべると

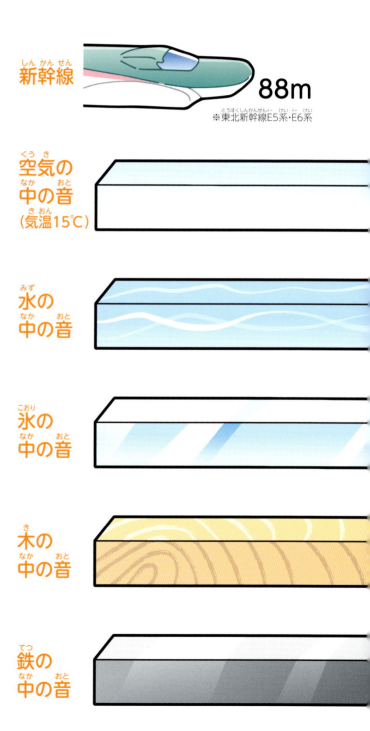

新幹線 88m
※東北新幹線E5系・E6系

空気の中の音（気温15℃）

水の中の音

氷の中の音

木の中の音

鉄の中の音

レールの中を伝わる音は、空気中を伝わる音よりずっと速く耳にとどく。

音はだんだん弱まる

どんなに大きい音でも、はなれた場所では、小さくしかきこえません。さらに、もっと遠くまでいくと、音はきこえなくなってしまいます。これは、音が遠くへと伝わっていく間に、音のエネルギーがだんだんと弱まってしまうためです。

その理由のひとつは、音がうまれたところから四方八方に広がっていくからです。また、進んでいく間に、ふるえを伝えるもの（空気や水など）によってエネルギーをうばわれることも、音が弱まる理由です。

だんだん小さくなる音

遠くにいくほど音のエネルギーは弱まるため、だんだん小さくなり、やがてきこえなくなる。

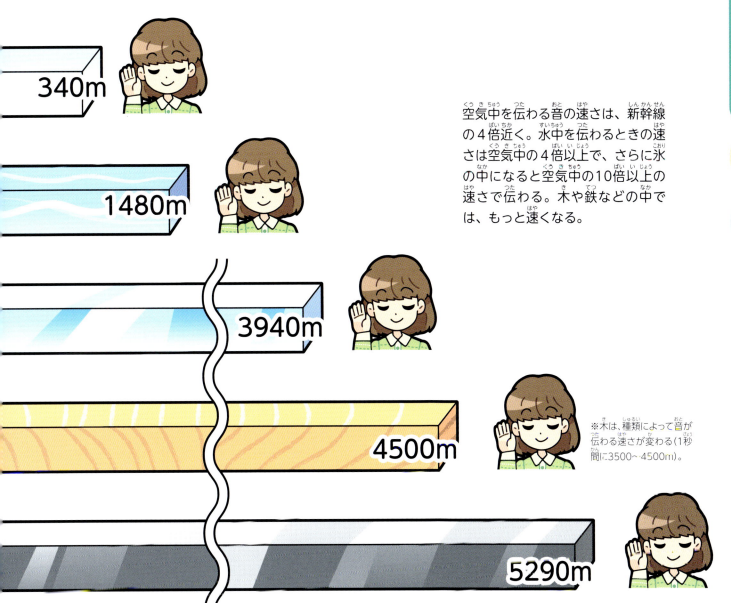

空気中を伝わる音の速さは、新幹線の4倍近く。水中を伝わるときの速さは空気中の4倍以上で、さらに氷の中になると空気中の10倍以上の速さで伝わる。木や鉄などの中では、もっと速くなる。

※木は、種類によって音が伝わる速さが変わる（1秒間に3500～4500m）。

第1章 音の科学

音がかべにぶつかったら

音は何もなければ、まっすぐに進みます。では、もし進んでいる音がかべにぶつかったら、どうなるでしょうか。

かべにぶつかった音は、一部は反対側へ通りぬけます(透過)が、一部ははね返り(反射)、一部はぶつかったものの中にすいこまれて(吸収)、消えてしまいます(音がどのくらいはね返り、どのくらいすいこまれるかは、ぶつかったものの性質によって変わります)。

このような現象の例は、わたしたちの生活の中でも、見つけることができます。

かべにぶつかった音のゆくえ

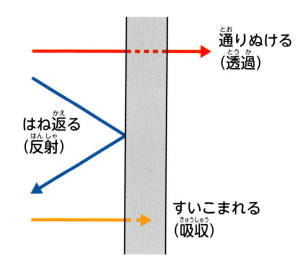

通りぬける音

家や、学校の教室では、窓を閉めきっていたとしても、外を走る車の音などがきこえてくる。つまり、音が窓を通りぬけて、とどいている。逆に、部屋の中で大きな音を出せば、窓を通りぬけた音が、外まできこえてしまうことになる。

音がすべて窓を通りぬけるわけではないので、内側できこえる音は、もとの音よりは小さくなる。

はね返る音

列車に乗っているとき、トンネルに入ると、とたんに列車の音がうるさくきこえるようになる。これは、せまいトンネルの中で、列車の音がかべや天じょうに何度もはね返ってきこえるため。

トンネルのかべは、かたくて厚く、音をはね返しやすい。

すいこまれる音

雪がつもった日、街の中がふだんより静かに感じるのは、気のせいではない。コンクリートなどが音をよくはね返すのに対して、そこに雪がつもると、音が雪にすいこまれるようになる。

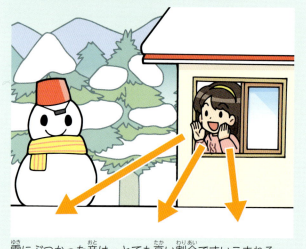

雪にぶつかった音は、とても高い割合ですいこまれる。

音はまわりこむ

　自分が学校のろうかの曲がり角に立っていて、その向こう側でだれかがおしゃべりしている場合を想像してみてください。もし、音がまっすぐにしか進まなければ、話し声はきこえないでしょう。ところが、じっさいはそうではありません。

　音には、進むのをじゃまするものがあっても、まわりこむ（回折）という性質があります。この性質によって、曲がり角の向こう側の話し声もきこえてきます。

回折によってきこえる音

● 音がまっすぐ進めば　　● じっさいには

音は、曲がり角にじゃまされても、まわりこんでこちら側までとどく。

音は曲がることもある

　ふつうはまっすぐ進む音も、場合によっては曲がることがあります。これを音の「屈折」といいます。
　音は、どこを伝わるかによって速さがちがいます（→12ページ）。そのため、たとえば水中から空気中に出るときには、速さが変わります。この速さが変わるさかい目を通るとき、音は曲がるのです。
　また音の速さは、空気の温度によっても変わります（→12ページ）。そのため、あたたかい空気の中から冷たい空気の中へ進むときも、また、その逆の場合も、音は曲がります。

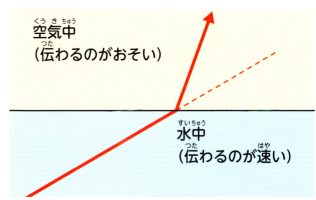

さかい目で曲がる音

空気中（伝わるのがおそい）

水中（伝わるのが速い）

伝わる速さがちがうふたつのもののさかい目を通るとき、音は曲がる。

ためしてみよう！ 昼間の音と夜の音

　昼間と夜、遠くの音がよくきこえるのは、どちらだと思いますか？答えは、夜です。その理由は、音の屈折に関係があります。
　音は、あたたかい空気と冷たい空気のさかい目で曲がりますが、昼間と夜では、あたたかい空気と冷たい空気の位置が逆になります。
　そのため、右の図のように音の曲がり方も逆になり、音の広がり方にちがいが出るのです。

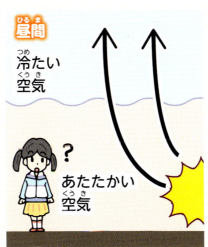

昼間　冷たい空気　あたたかい空気

昼間は、地面に近いほうが空気があたたかく、音は上のほうへ曲がって進む。

夜　あたたかい空気　冷たい空気

夜は、地面に近いほうが空気が冷たく、音は下のほうへ曲がって進む。

第1章　音の科学

音は波である

音は、空気などのふるえが「つまっている／まばら」がたがいちがいになった状態で伝わっていくものです（→10ページ）。動きのパターンが次つぎと伝わっていくこのような現象は、「波」とよばれます。つまり、音も波なのです。

ただし、音の波は、みなさんが「波」ときいてまず想像する、水面に石を投げ入れたときの波などとは、少しちがいます。

水面では、水は上下に動き、波は横へと広がります。これを「横波」といいます。いっぽう音の波では、空気のふるえと波が進む向きは同じ方向になります。このような波は「たて波」とよばれます。

たて波は、横波とちがい、図にあらわそうとしても、わかりにくくなってしまいます。そこで、ふるえている空気の前後の動きを上下の動きに置きかえることで、横波のような図であらわすことがあります。このようにしてあらわされた波の形を、音の波形といいます。

2種類の波

横波 進む方向に対して、垂直にふるえる波。水面の波など。

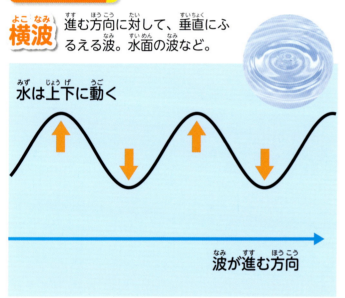

たて波 進む方向と同じ向きにふるえる波。音の波など。

音を波形であらわす

音がないときの空気の状態を基準にして、音が伝わるときの後ろへの動きを下向きに、前への動きを上向きにあらわす。これによって、たて波である音を、横波のような波形であらわすことができる。

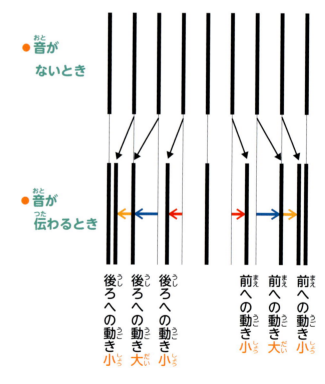

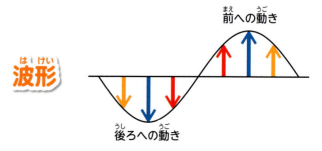

いろいろな音がある理由

わたしたちのまわりには、さまざまな音があり（→8ページ）、どうきこえるかは、それぞれちがいます。

このちがいは、音の大きさ（大小）、高さ（高低）、そして音色という3つの要素のちがいによって、うまれます。音にはかならずこの3つの要素があり、それらが音によってちがうから、こんなにもさまざまな音があるのです。

3つの要素のちがいは、それぞれの音の波形にもあらわれます。

音の3つの要素

大きさ（大小）

音の大きさのちがいはピアノでいうと、鍵盤を強くたたいたときの音（大きい）と、弱くたたいたときの音（小さい）のちがいにあたる。音の大きさは、ふるえの強さによって決まる。波形であらわすと、大きい音は波のたてのはばが大きく、小さい音はたてのはばが小さい、というちがいがある。

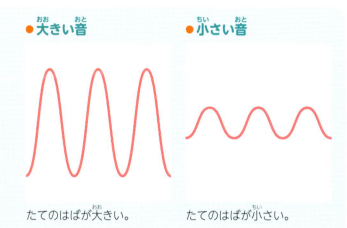

●大きい音 たてのはばが大きい。　●小さい音 たてのはばが小さい。

高さ（高低）

ピアノの鍵盤でいえば、右にいくほど高い音が、左にいくほど低い音が出る。音の高さは、ふるえの速さによって決まる。波形であらわすと、高い音は波の数が多く、低い音は波の数が少ない。1秒間にくり返す波の回数をその音の「周波数」といい、周波数が高い（1秒間の波の回数が多い）ほど、高い音になる。

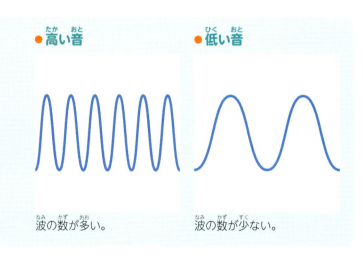

●高い音 波の数が多い。　●低い音 波の数が少ない。

音色

同じ「ド」の音を弾いても、ピアノとギターでは、きこえる音がまったくちがう。これは、どちらの楽器の音も、基本となる「ド」の音のほかに、大きさや高さのちがういくつかの音が組み合わさってできているため。この組み合わせのちがいでうまれる音の特徴を音色という。音色のちがう音の波形は、ちがう形になる。

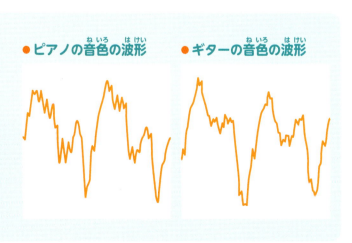

●ピアノの音色の波形　●ギターの音色の波形

第1章 音の科学

音がうまれるしくみ

ここまでで、音の正体と伝わり方、そしてさまざまな性質がわかったと思います。こんどは、音がいったいどのようにうまれるのか、そのしくみを見てみましょう。

空気がふるえる3つの理由

もののふるえ
ものがふるえるときの動きによって、まわりの空気がふるえる。

空気の流れや、ものの急な動き
空気そのものの流れや、ものが急に動いたことの影響で、空気がふるえる。

空気はいろいろな理由でふるえる

10ページで説明したとおり、太鼓をたたくと革の部分がふるえて、それによって音が出ます。

ただ、拍手をすると「パチパチ」と音がするのに、そのときの手を見ても、太鼓の革のようにふるえてはいません。これは、太鼓の音と拍手の音では、音がうまれるしくみがちがうからです。

わたしたちは、空気のふるえを音として感じます。つまり、太鼓の革のようなもののふるえがなくても、何かの理由で空気がふるえれば、音は出るのです。

空気がふるえる理由はいろいろありますが、下のように大きく3つに分けることができます。

空気のふくらみ・ちぢみ
急にふくらんだり、おしちぢめられたりすることによって、空気がふるえる。

ためしてみよう！ 拍手の音の大きさくらべ

みなさんは拍手をするとき、手をどんな形にしていますか？　じつは手の形によって、拍手の音は変わります。

ためしに、下のような2通りの手の形で拍手をして、どちらがより大きな音が出るか、くらべてみてください。きっと、手を丸めたときのほうが、大きな音がしたはずです。

拍手の音の正体は、両手を合わせることでおしちぢめられた空気が、すき間から飛び出すときに起こる空気のふるえです。だから、手を丸めて、空気がたくさん入るようにしたほうが、より大きな音がするのです。

●手を丸めるようにしてする拍手

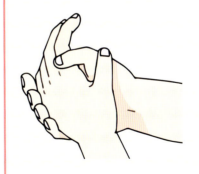

●手をできるだけそらせてする拍手

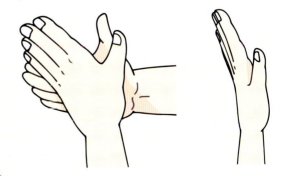

第1章 音の科学

音のふしぎ① サイレンの音がとちゅうで変わるのはなぜ？

　近づいてくる救急車のサイレンが、目の前を通りすぎた後に、低く変わってきこえることがあります。じつは、このとき救急車が出しているサイレンの音の高さは変わっていません。音を出している救急車が移動することで、波長（ひとつの波の長さ）が変わり、サイレンの音が高くなったり低くなったりしてきこえているのです。このような現象を「ドップラー効果」といいます。

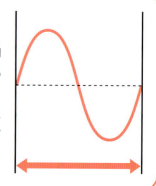

波長
波の山（谷）から次の波の山（谷）までの長さを波長という。高い音は波長が短く、周波数が高い。低い音は波長が長く、周波数（→17ページ）が低い。

実際のサイレンの音
音の波が変化していない状態。目の前を通るときや、とまっているときにきこえる音。

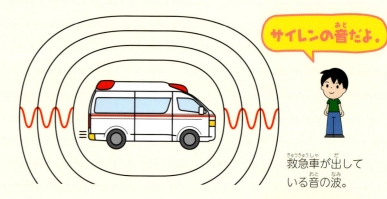

サイレンの音だよ。

救急車が出している音の波。

近づいてくるときの音
音を出している救急車が近づいてくることで、音の波がおしちぢめられる。波長は短く、周波数は高くなり、音が高くきこえる。

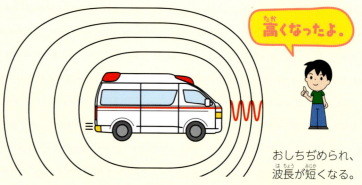

高くなったよ。

おしちぢめられ、波長が短くなる。

遠ざかっていくときの音
音を出している救急車が遠ざかっていくことで、音の波がのびる。波長は長く、周波数は低くなり、音が低くきこえる。

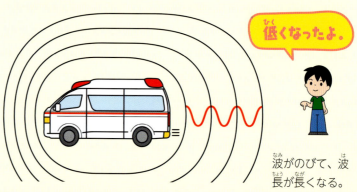

低くなったよ。

波がのびて、波長が長くなる。

第2章

生きものと音

わたしたち人間をふくめて、地球上のあらゆる生きものは、音と深くかかわりながら生きています。そのさまざまなかかわり方について、くわしく見ていきましょう。

のどから音を出すしくみ

わたしたちが会話をするときに出す「声」は、のどから口を通って出る音です。この音は、どうやってつくられているのでしょうか。

声が出るしくみ

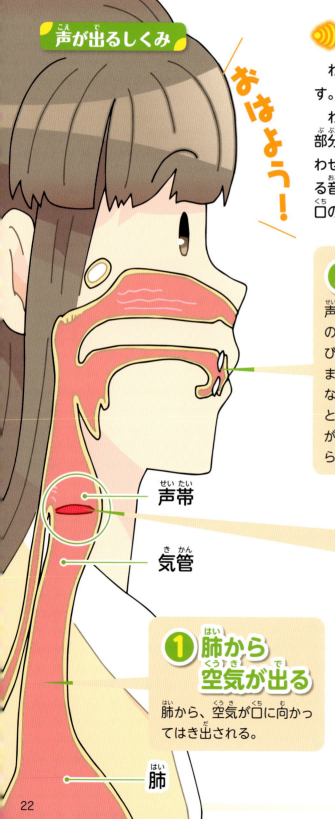

おはよう！

声帯

気管

① 肺から空気が出る

肺から、空気が口に向かってはき出される。

肺

「声」はのどと口でつくる音

わたしたちは、会話や歌など、さまざまな場面で声を出します。「声」とは、のどから口を通って出る音のことです。

わたしたちのからだの中には、空気が出入りする「肺」という部分があります。肺から出た空気は、のどにある「声帯」をふるわせます。これによって起こる空気のふるえが、声のもとになる音です。この音は、そのままではブザーのような音ですが、口の中を通ることで、「声」として発せられます。

③ 声が発せられる

声帯でうまれた音は、口の中や鼻のおくなどでひびくことで大きくなる。また、舌・歯・くちびるなどを動かすことで、ことばに変えられる。これが声として、口から発せられる。

あ
くちびるを上下左右に開け、舌は口の底に寄せる。

い
くちびるを左右に引いて、舌を高く持ち上げる。

② 声帯がふるえる

肺から出た空気が、気管（空気の通り道）の入り口にある声帯を通るときに、声帯のひだをふるわせる。すると、空気のふるえ（音）がうまれる。

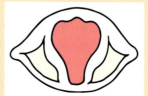 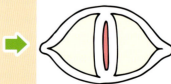

呼吸のときは、ひだが開いて穴ができ、そこを空気が出入りする。声を出すときは、ひだがまん中に寄って、穴がせばまる。ひだのすきまを空気が通るときに、ひだがふるえる。

声はひとりひとりちがう

ふだん、まわりの人の声をきいていればわかるとおり、人間の声はひとりひとりちがい、声が高い人もいれば、低い人もいます。

音の高さは、ふるえの速さ（周波数）によって変わります（→17ページ）。人によって声がちがうのも、声帯の大きさや声帯から口までの長さなどがちがうために、うまれる音の周波数にちがいが出るからです。

また、男性と女性をくらべると、男性のほうが低い声が出ます。これも、男女の声帯のちがいに関係があります。

ためしてみよう！　声帯のふるえを実感

ふだん、声帯がふるえて声をうみ出しているのを感じることはないかもしれませんが、それを確かめるのは意外とかんたんです。手で軽くのどにふれながら、声を出してみましょう。声帯のふるえが指に伝わってきます。

男女でちがう声の高さ

＜大人の男性（低い声）＞

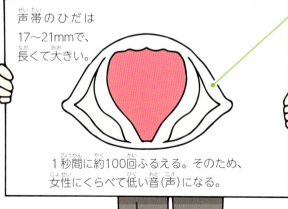

声帯のひだは17～21mmで、長くて大きい。

1秒間に約100回ふるえる。そのため、女性にくらべて低い音（声）になる。

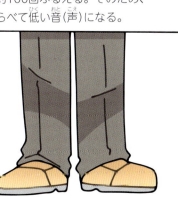

＜大人の女性（高い声）＞

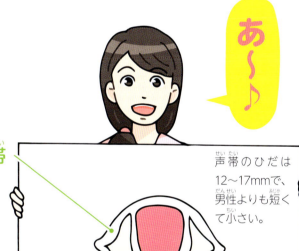

声帯のひだは12～17mmで、男性よりも短くて小さい。

1秒間に約250回ふるえる。そのため、男性にくらべて高い音（声）になる。

第2章　生きものと音

音をきくしくみ

耳に入ってきた空気のふるえを、わたしたちは、さまざまな意味をもつ「音」としてきいています。そこにはどのようなしくみがあるのでしょうか。

🔊 空気のふるえを感じる耳

わたしたちは、耳のはたらきによって、音をきくことができます。空気のふるえは、耳の中に入ると、「鼓膜」といううすい膜をふるわせます。すると、このふるえは鼓膜にふれている「耳小骨」、そして「蝸牛」というところをめぐり、電気信号に変えられて脳に送られます。わたしたちは、脳にとどいたこの電気信号を、音として理解しています。

音がきこえるまで

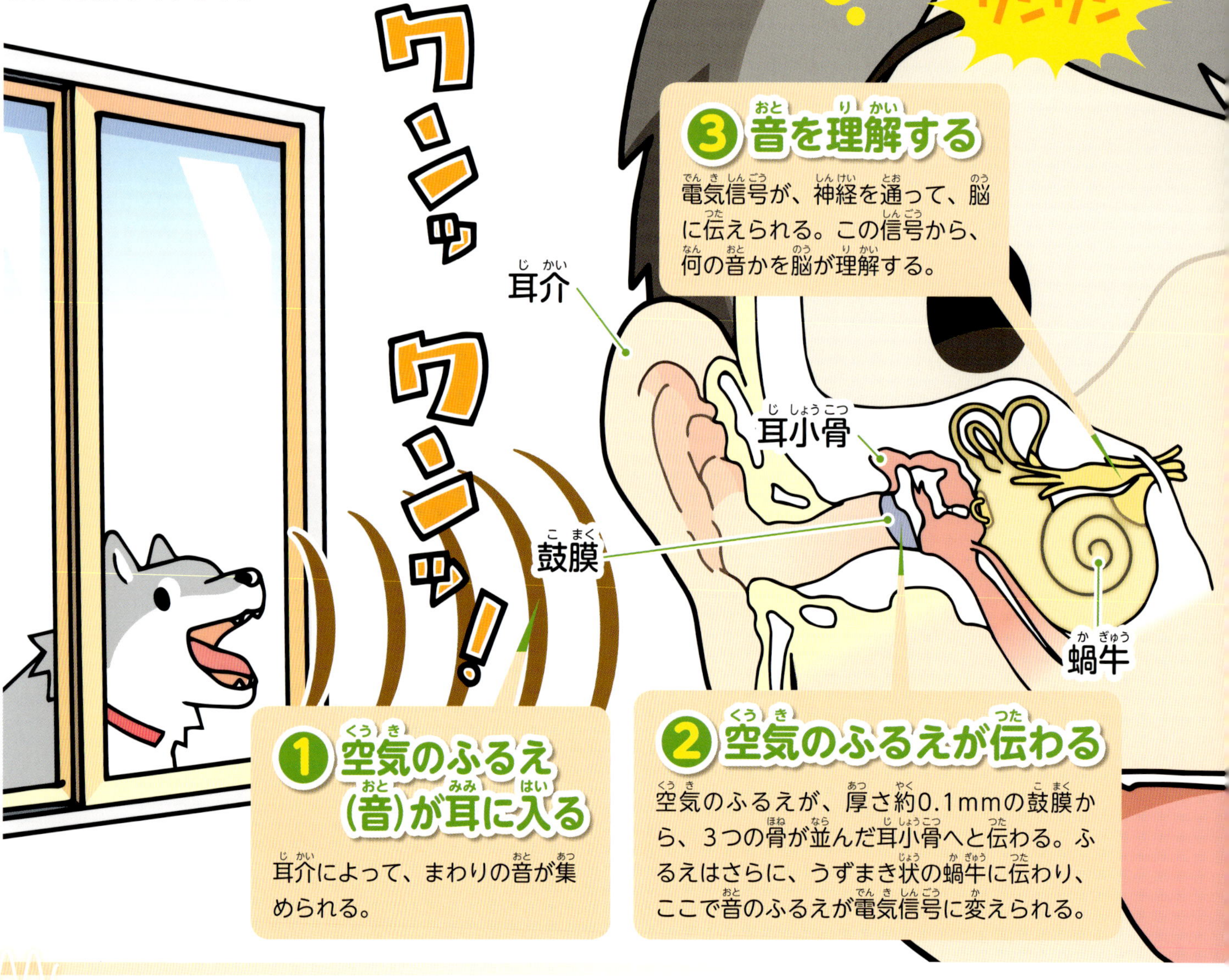

犬の鳴き声がきこえたぞ

❸ 音を理解する
電気信号が、神経を通って、脳に伝えられる。この信号から、何の音かを脳が理解する。

❶ 空気のふるえ（音）が耳に入る
耳介によって、まわりの音が集められる。

❷ 空気のふるえが伝わる
空気のふるえが、厚さ約0.1mmの鼓膜から、3つの骨が並んだ耳小骨へと伝わる。ふるえはさらに、うずまき状の蝸牛に伝わり、ここで音のふるえが電気信号に変えられる。

耳介／耳小骨／鼓膜／蝸牛

空気を通さずに音をきく

声を出しているときに、あごのあたりの骨をさわってみると、かすかにふるえているのがわかります。声帯をふるわせ、のどや口、鼻の中でひびく音は、頭の骨もふるわせています。

この骨のふるえは、鼓膜を通さず、音を脳に伝える「蝸牛」に直接とどきます。そしてわたしたちは、この骨のふるえを音として受けとります。このように骨を通して伝わる音を「骨伝導音」とよんでいます。

耳をふさいでいても、自分の声がきこえるのは、骨伝導音だから。

2 音を理解する

電気信号が神経を通って、脳に伝えられる。この信号から、何の音かを脳が理解する。

1 骨がふるえる

自分が出した声によって、頭の骨もふるえる。このふるえが、蝸牛に伝わり、電気信号に変えられる。

ためしてみよう！ 録音した音をきいてみよう

留守番電話や、ビデオにとった自分の声をきいてみましょう。ふだんきいている自分の声とはちがってきこえませんか。

ふだんわたしたちが自分の声をきくときは、「空気を伝わる声」と「骨伝導音の声」の両方がきこえています。しかし、録音する場合には、とうぜん「空気を伝わる声」しか記録されません。わたしたちは「空気を伝わる声」＋「骨伝導音の声」を自分の声だと思っているから、録音した自分の声をきくと、いつもとちがうように感じるのです。

第2章 生きものと音

🔊 きこえる音ときこえない音

世の中にはさまざまな音がありますが、じつはわたしたちは、そのすべてがきこえているわけではありません。

音のふるえの速さを「周波数」といい（→17ページ）、「ヘルツ」という単位であらわします。周波数の数字が大きいほど高い音、小さいほど低い音になります。人間が耳でききとれる音は、周波数でいえば、20ヘルツ〜2万ヘルツ（20キロヘルツ）だといわれています。

20ヘルツより低い音は「超低周波」、2万ヘルツより高い音は「超音波」といいます。これらの音は、空気の中を伝わっていても、わたしたちが音と感じることはできません。

周波数の単位「ヘルツ」

音の周波数は、波形であらわしたときに1秒間にくり返される波の回数になり、ヘルツという単位をつけてあらわす。

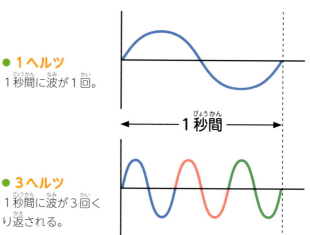

- **1ヘルツ** 1秒間に波が1回。
- **3ヘルツ** 1秒間に波が3回くり返される。

人間がききとれる音の範囲

人間が音を「高い」「低い」と感じる感覚は、周波数とぴったり合っているわけではない。たとえば、周波数の数字が2倍になっても、2倍高い音に感じるとはかぎらない。

20ヘルツ

← 低い音

超低周波
周波数が20ヘルツより低い音。低くて耳では感じとれないが、ゆれとして感じることはある。

人間が音として感じとれる範囲

- ピアノの音　27.5 〜
- 大人の男性の声　90 〜 130
- 大人の女性の声　250 〜 330
- 時報（NHK）　440 〜 770

年齢で変わるきこえ方

年をとると、からだをつくる部品である細胞のはたらきが、だんだんおとろえてきます。これは、音を感じるしくみ（→24ページ）を支える細胞にも当てはまります。そのため、お年寄りになると、若いころにくらべて、音を感じとりにくくなります。

ただし、すべての音が同じように感じとれなくなるわけではありません。ふつう、より高い音のほうからだんだんきこえにくくなります。つまり、年をとるにつれて、感じとれる周波数の範囲がだんだんせまくなるのです。いっぽうで低い音のきこえぐあいは、高い音ほど変わりません。

きこえる音の範囲の変化

20歳ぐらいのころは、広い範囲の周波数の音がきこえるが、40代くらいから、ききとれる音の範囲がせまくなる。

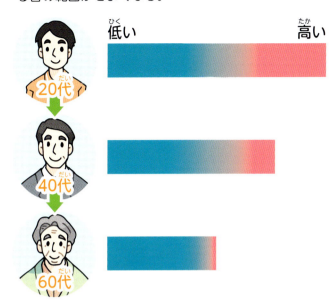

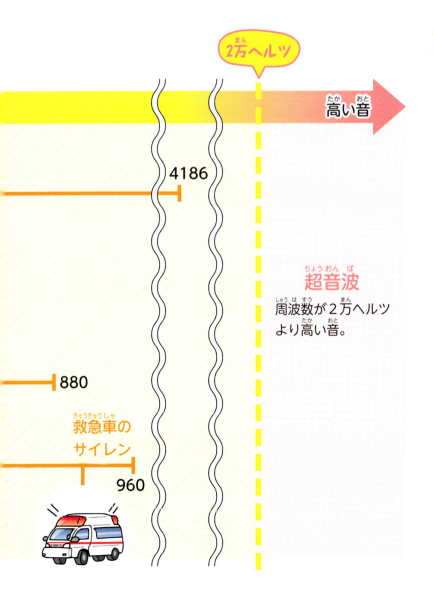

超音波
周波数が2万ヘルツより高い音。

ためしてみよう！ 耳の年齢をチェック

みなさんは、「モスキート音」ということばをきいたことがありますか。これは、周波数が1万7000ヘルツくらいの、カ（英語で「モスキート」）の羽音のような高い音のことです。

この音は、人間がききとれる音のなかでも、とても高い音のため、20代前半くらいの若い人にはきこえるのに、それより上の年齢の人にはきこえにくいといわれています。

インターネット上でもきくことができるので、まわりのいろいろな年代の人にきかせて、年齢によってきこえ方がちがうか、ためしてみましょう。

第2章 生きものと音

動物と音

人間だけでなく、さまざまな動物が音をきき、音を使ってコミュニケーションをとっています。ここでは、いろいろな動物と音の関係を見てみましょう。

音をききとる力のちがい

動物はまわりのようすを知り、敵から身を守ったり、えさになる生きものをつかまえたり、仲間とコミュニケーションをとったりするために、音をきき、また音を出しています。動物がききとったり、自分で出したりしている音の高さ（周波数）の範囲は、種類によってちがいます。

ものをきく力のことを「聴力」といいますが、聴力の発達のぐあいは、それぞれの動物のくらし方や生きのびるための方法と深くかかわっています。そのため、人間にはきこえない超低周波や超音波（→26ページ）をききとって生活している動物もたくさんいます。

動物がききとれる音の範囲

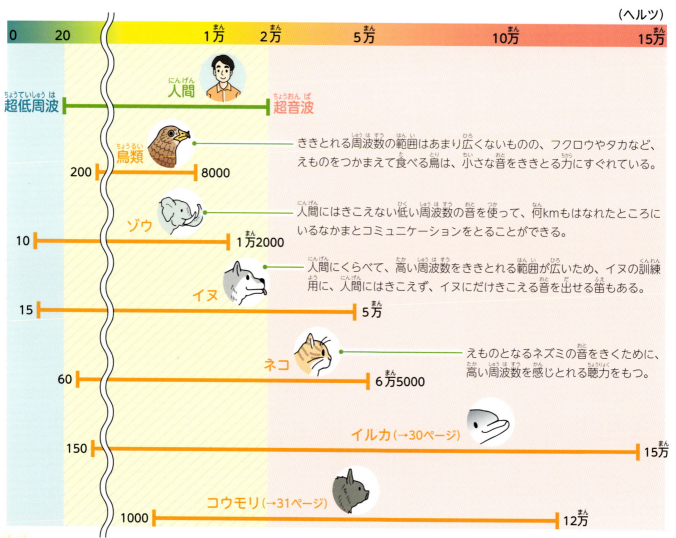

いろいろな耳

イヌやネコなど身近な動物をはじめ、ほ乳類の多くは、わたしたちがその姿を見てわかる「耳」をもっています。けれど、魚や鳥の耳を見たことはありますか。

魚には、外からは見えませんが、頭の中に「内耳」とよばれる、耳のはたらきをする部分があります。また、顔からからだの横にかけてある「側線」という部分で、周囲の水の流れを感じるほか、音を感じとっています。

鳥は、羽毛にかくれて見えない場合もありますが、目の後ろのほうに、耳の穴があります。

人間の耳は顔の左右についていて、向きを変えることはできません。けれど、ネコやウサギ、ウマなど、耳が頭の上についている多くの動物は、耳を音のするほうに向けるなど、自由に動かすことができます。

いろいろな生きものの耳
生きものの耳の形にはさまざまなものがある。

魚

頭の中にある「内耳」で音を感じる。また、からだの両側にある「側線」でも音を感じることができる。

鳥

目の後ろのほうに耳の穴がある。飛ぶときにじゃまになるので、人間のような耳介（→24ページ）はない。

ほ乳類（ネコ）

左右の耳をべつべつのほうに向けるなど、自由に耳を動かせる。人間にくらべ耳介も大きく、多くの音を集められる。

ほ乳類（小型のコウモリ）

目はよく見えないが、大きな耳介で超音波をききとり、えものの位置などを知る（→31ページ）。

昆虫（ガ）

コウモリのえものになるガには、コウモリの出す超音波をききとる力がある。羽の下にある小さな穴の中に鼓膜（→24ページ）があり、そのおくに、コウモリの超音波を感じる細胞がある。

超音波を使う動物

　超音波を感じることができる動物には、イルカやコウモリのほか、イヌ、ネコ、ガ、ネズミなどがいます。

　また、動物のなかには、超音波をききとるだけでなく、自分でも超音波を出すことができるものもいます。音には、ものに当たるとはね返る性質があるので、そのはね返り方で、まわりのようすを知ることができます。しかも超音波は、人間がききとれる音にくらべて、まっすぐ進みやすいという性質があります。そのためこうした動物は、人間が目で見るように、周囲のようすや、えものがどこにいるかなどの情報を、超音波を使って集められるのです。

イルカと超音波

イルカは、額から超音波を出し、下あごの骨で超音波を受けとっている。

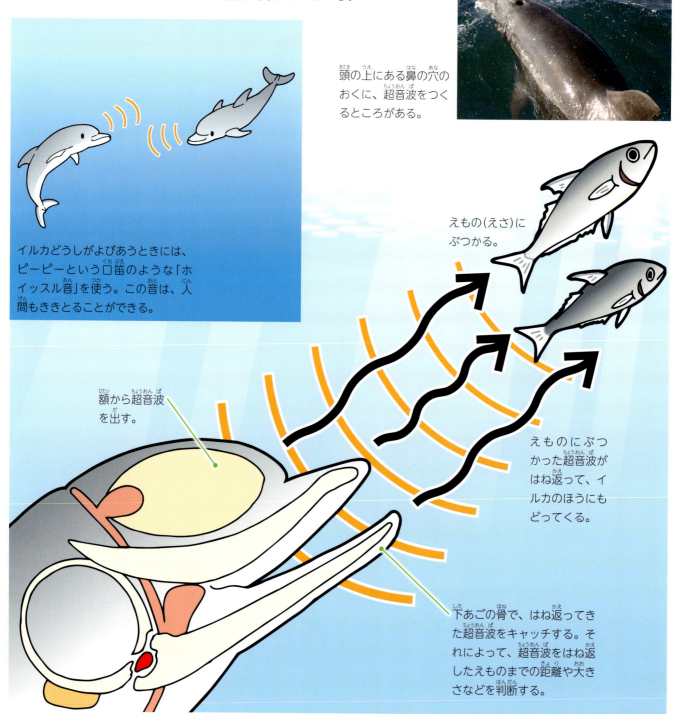

頭の上にある鼻の穴のおくに、超音波をつくるところがある。

イルカどうしがよびあうときには、ピーピーという口笛のような「ホイッスル音」を使う。この音は、人間もききとることができる。

額から超音波を出す。

えもの(えさ)にぶつかる。

えものにぶつかった超音波がはね返って、イルカのほうにもどってくる。

下あごの骨で、はね返ってきた超音波をキャッチする。それによって、超音波をはね返したえものまでの距離や大きさなどを判断する。

コウモリと超音波

コウモリ（小型のコウモリ）は、口や鼻から超音波を出し、はね返ってきた超音波を耳で受けとっている。そのおかげで、暗いところでも、障害物やなかまにぶつからずに飛ぶことができる。

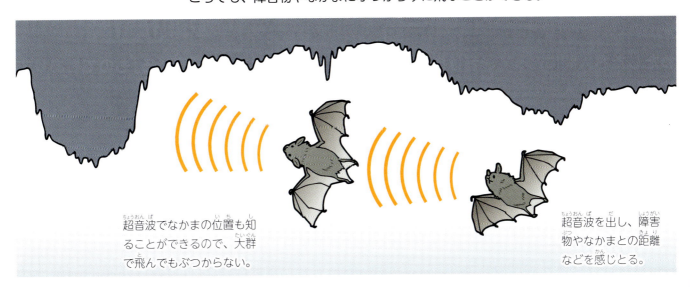

超音波でなかまの位置も知ることができるので、大群で飛んでもぶつからない。

超音波を出し、障害物やなかまとの距離などを感じとる。

人間のことばを話す鳥たち

九官鳥やインコは、もともと小さなむれでくらす鳥で、まわりのなかまの声をまねる性質があるといわれています。でも、その性質だけでは、人間のことばはまねできません。なぜなら、人がことばを話すときには、声帯をふるわせて出した音をさまざまにひびかせ、変化させているからです（→22ページ）。

ことばを話すことができる鳥のなかまは、舌やのどのつくりが人間に似ています。このため、人間のようにくちばしで音をひびかせ、舌を使って音を変化させることで、人間のことばをまねすることができます。

ことばを話すことができる鳥には、インコやオウムなどがいる。

ことばを話すしくみ

ことばを話すことのできる鳥は、分厚い舌をもち、鳴管のまわりにたくさんの筋肉があるうえ、きいたことばを大脳でおぼえることができる。

舌
分厚くて、自由に動く。

大脳
きいたことばをおぼえる。

鳴管
声を出す部分で、まわりには筋肉がついている。ことばを話すことができる鳥は、この筋肉がほかの鳥よりも多いので、いろいろな声を出すことができる。

第2章 生きものと音

音を感じる

わたしたち人間にとって、音は単に「きく」だけのものではなく、「感じる」ものでもあります。じつは、人間の音の感じ方にも、さまざまなふしぎがあります。

🔊 感じ方は人それぞれ

音はきく人によって、さまざまな感じ方となります。みなさんも、何かの音をきいて「きれいな音だ」「いやな音だ」などと思うことがあるでしょう。

ただ、大きさや周波数は機械ではかることができるのに対して、音をどう感じるかは、きく人の感覚しだいです。数字などであらわせないので、ある音がどんな音かを判断するのは、じつはとてもむずかしいことです。

電化製品などの開発では、使うときに出る音が人間にどう感じられるか、SD法とよばれる方法で調べることがあります。

この方法では、対象となる人に音をきかせたあと、音の印象をあらわす、対の意味をもつことばのペアをいくつか見せます。そして、ひとつひとつのペアについて、音をきいての印象がどちらに近いかを答えてもらうのです。もちろん、同じ音でも答えは人によってバラバラなので、多くの人の答えの平均をとるなどして判断する必要があります。

音の印象の決め方の例

ある音をきいたときの印象が、対になったふたつのことばのどちらにより近いか、いろいろな人に答えてもらう。

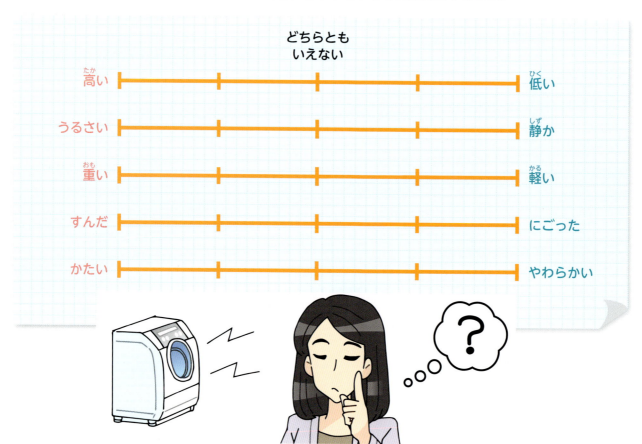

周波数と大きさの感じ方

人間の音の感じ方のふしぎにはもうひとつ、周波数によって大きさがちがって感じられる、という点があります。

下の図は、周波数のちがう音が、同じ大きさに感じられるようすを示したものです。横じくは周波数(単位：ヘルツ)、たてじくは音の大小をあらわす音圧レベル(単位：デシベル)です。

図の中で1本の曲線の上にあるそれぞれの音は、すべて同じ大きさに感じられます。たとえば、「1000ヘルツで60デシベル」の音と、「250ヘルツで70デシベル」の音は、どちらもアの曲線の上にあります。つまり、このふたつは、音圧レベルはちがうのに、同じ大きさにきこえるというわけです。

この図を見ると、4000ヘルツ前後の周波数で曲線はいちばん下がり、音圧レベルが小さくても大きな音に感じられることがわかります。つまり人間は、4000ヘルツ前後の音はとくに感じとりやすく、小さい音圧レベルでも、よくきこえるのです。

そのため、この4000ヘルツ前後の周波数の音は、目ざまし時計のアラームなどに使われることがあります。

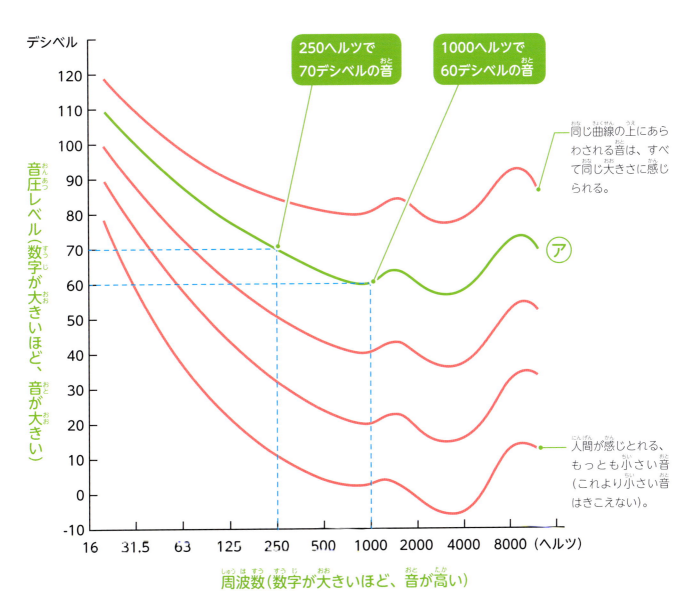

同じ大きさに感じられる音

ISO226による。じっさいのきこえ方には、人によってちがいがあるため、必ずしもこの図のとおりにはならない。

🔊 「うるさい」と感じられる音

みなさんは、「騒音」ということばをきいたことがあるでしょうか。

これは、かんたんにいえば、「いやな音」「うるさい(と感じる)音」のことです。たとえば工事現場で出る音などは、「うるさい」と感じる人が多いのではないでしょうか。

このような騒音になやまされる人がなるべく出ないよう、騒音についての基準がもうけられています。これは、33ページの図にも出てきた音圧レベル(単位：デシベル)をものさしとして、「人びとの健康や生活環境を守るうえで、騒音をこの基準以下におさえることが望ましい」とするものです。

ただ、音をどう感じるかは人それぞれですし、場所や時間帯によっても、気になる音は変わります。みんなが静かに本を読んでいる図書館の中では、ふつうに話しているつもりの声でも、まわりの人にとっては騒音になる場合もあるでしょう。

そのため、どれくらいの大きさの、どんな音が騒音なのかをはっきりと決めるのは、むずかしいことです。

音のうるささと音圧レベル

0デシベル 人間がききとれる、もっとも小さな音

60デシベル ふつうの会話のときの声

80デシベル 近くできく救急車のサイレン

日本では環境省によって、住宅地の騒音の望ましい基準は、昼は55デシベル以下、夜は45デシベル以下とされている。

音圧レベルが小さい(静か) → 音圧レベルが大きい(うるさい)

30デシベル ささやき声

70デシベル 近くできくセミの鳴き声

100デシベル ガード下できく、上を通る列車の音

120デシベル 近くできく飛行機のエンジンの音

騒音をおさえる工夫

わたしたちのまわりには、騒音とされることが多い音がいろいろあります。そして同時に、それをおさえるための工夫もたくさんあります。

騒音をおさえる方法は、大きく2通りに分けられます。ひとつは、出る音自体を小さくすることです。たとえば、現在の新幹線の車両は、開業したころにくらべ、先がはるかに長くとがっています。これは、空気の中を高速で走るときに出る音を小さくするための工夫のひとつです。

ふたつ目の方法は、出た音がなるべく広く伝わらないようにすることです。工事現場で、全体をシートでおおうという工夫が、これにあたります。

また自動車では、下のように、両方の方法でさまざまな工夫がおこなわれています。

騒音をおさえる2通りの方法

● 音自体を小さくする
音が出る原因をつきとめ、音が小さくなるよう改良する。

● 音が広く伝わらないようにする
出た音が広がるのをさえぎるものを置く。

自動車の騒音をおさえる工夫の例

騒音のおもな原因
・エンジンが動くときの音
・排ガスが出るときの音
・回転するタイヤが路面にふれて出る音

・高速で走るために出る、空気の音

音自体を小さくする工夫
・技術開発によって、エンジンの音や排ガスの音を小さくする。
・道路の舗装を、音が出にくいように変える。

音が広く伝わらないようにする工夫
・道路の両側に、音をさえぎるかべをもうける。

第2章 生きものと音

音楽のなかの音

人間と音とのかかわりを考えるうえで欠かせないもののひとつに、音楽があります。わたしたちがふだん楽しんでいる音楽の、音の基本になっているものを見てみましょう。

音色と音階

音楽の「ド・レ・ミ・ファ・ソ・ラ・シ・ド」は、「音階」とよばれています。「ド」と次の「ド」の周波数（→17ページ）をくらべると、高いほうが低いほうのちょうど2倍になっています。

ピアノを見るとわかりますが、「ド」から数えて次の「ド」の手前までに、白い鍵盤が7つ、そのほかに黒い鍵盤が5つならんでいます。つまり、合計12の音があることになります。この12の音はそれぞれ、「ド」から次の「ド」までの周波数をちょうど12分割した音になっています。

ピアノの鍵盤と音階

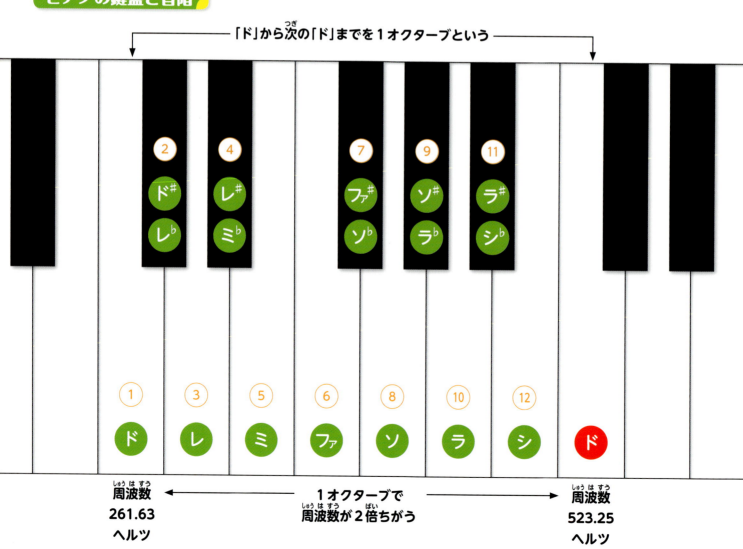

ひびきあう和音

「ド」から次の「ド」までの12の音のいくつかをいっしょに鳴らすのが「和音」です。いっしょに鳴らす音の周波数のちがいによって、「ド・ミ・ソ」のようにきれいにひびき合う「協和音」になるときと、波が重ならず、きれいにきこえない「不協和音」になるときがあります。

協和音と不協和音の例

協和音と不協和音には、このほかにもたくさん組み合わせがある。

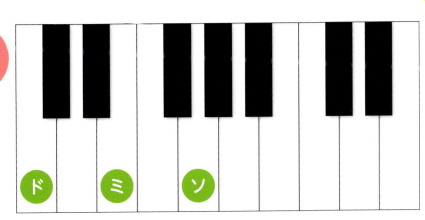

協和音　ド・ミ・ソ

音が重なり合って、きれいにひびいているね。

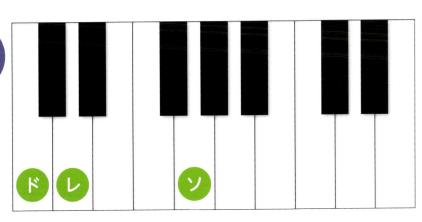

不協和音　ド・レ・ソ

なんだかモヤッとした印象を受ける音だよ。

第2章 生きものと音

音がわかる「絶対音感」

「絶対音感」というのは、単独できいた音が、どの音なのかを判別する能力です。音楽とは関係のない身のまわりの音でも、音の名前に置きかえたり、楽譜なしでピアノでひいたりできるそうです。絶対音感が、うまれつきもっている力なのか、練習で身につけることができるものなのかは、はっきりわかっていません。ただ、音楽家をめざして音楽を専門に勉強している人のなかには、絶対音感をもつ人が多いといわれています。

救急車のサイレンは「シー・ソー・シー・ソー」ときこえるという。

楽器からうまれる音

音楽の音をうみ出す楽器は、演奏のしかたやしくみなどによって、いくつかの種類に分けられます。それぞれ、どのように音を奏でるのでしょう。

🔊 たたいて音を出す

太鼓をたたくと、たたいた革がふるえて音が出ます（→10ページ）。このように道具や手でたたいたり、ふったりして音を出す楽器を「打楽器」といいます。打楽器のなかには、太鼓やティンパニのように、楽器にはった膜（革など）がふるえて鳴る「膜鳴楽器」とトライアングルやカスタネットのように楽器そのものがふるえて音を出す「体鳴楽器」があります。

たたいて音を出す楽器のなかま

太鼓（大太鼓、小太鼓、和太鼓など）、ティンパニ、タンバリン、トライアングル、カスタネット、木琴、鉄琴など

カスタネットやトライアングルは、楽器そのものが空気のふるえをうむ。

太鼓のつくり

道具や手で膜をたたくと、膜がふるえて、音がうまれる。中は空洞になっている。

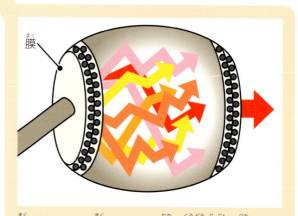

膜をたたくと、膜のふるえが中の空洞部分に伝わり、はね返りをくり返す。そして、大きな音となって、反対側から太鼓の外に出る。

弦をふるわせて音を出す

弦をはじいたり、こすったりしてふるわせて音を出す楽器を「弦楽器」といいます。弦をはじいて音を出すギターや、弓で弦をこすって音を出すバイオリンのなかまなどがあります。本体の中は空洞になっていて、はじいたりこすったりしてうまれた弦のふるえが、そこで広がり、音となってわたしたちの耳にとどきます。

ギターのつくり

ギターは、太さのちがう6本の弦を、指や「ピック」という道具ではじいて演奏する。

弦 太いほど低い音が出る。

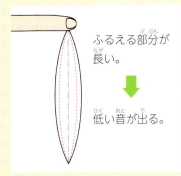
ふるえる部分が長い。
↓
低い音が出る。

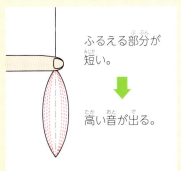
ふるえる部分が短い。
↓
高い音が出る。

弦は、短くなるとふるえたときに出る音が高くなる。そのため、おさえる位置を変えると、同じ弦でもさまざまな高さの音を出すことができる。

サウンドホール

ギターの弦のふるえは、表面、側面、裏面の板に伝わり、本体の中の空気をふるわせる。そうしてうまれた音が「サウンドホール」とよばれる穴から出ていく。

弦をふるわせて音を出す楽器のなかま

ギター、バイオリン、ビオラ、チェロ、コントラバス、ハープなど

第2章 生きものと音

鍵盤をおして音を出す

ピアノのように、鍵盤をおして音を出すのが「鍵盤楽器」です。ピアノの中には、太さや長さのちがうたくさんの弦がはられています。鍵盤をおすと、小さなハンマーが弦をたたいて音を出します。

また、オルガンやアコーディオン、鍵盤ハーモニカ（ピアニカ）などのように、中で空気が流れ、リードとよばれるうすい板をふるわせて音を出す鍵盤楽器もあります。

ピアノのつくり

低い音から高い音になるにしたがって弦は短く、細くなる。

ひとつひとつの鍵盤の先に、弦をたたく「ハンマー」がついている。

鍵盤をおすと、ハンマーが弦をたたく。このとき音を止めるはたらきをするダンパーとよばれる部分が弦からはなれ、弦がふるえる。鍵盤から指をはなすと、ハンマーが弦からはなれ、ダンパーが弦にふれて、音を止める。

写真提供：株式会社河合楽器製作所

鍵盤をおして音を出す楽器のなかま

ピアノ、アコーディオン、鍵盤ハーモニカ、オルガンなど

息をふきこんで音を出す

くだに息をふきこんで音を出す楽器を「管楽器」といい、リコーダーやクラリネット、トロンボーンなど、たくさんの種類があります。楽器によって、「エッジ」という部分に息をあてる、「リード」という板をふるわせる、ふくときにくちびるをふるわせるなど、空気のふるえをつくる方法にも種類があります。

リコーダーのつくり

リコーダーは、息をふきこむだけで空気の流れをつくることができるので、初めての人でもかんたんに音を出すことができる。

息をふきこむと、エッジに空気がぶつかり、空気のうずができて、音が出る。

音孔

つつは、中で空気がふるえるとき、長いと低い音、短いと高い音が出る。音孔の閉じぐあいで音が変わるのは、空気がふるえる長さが変わるから。

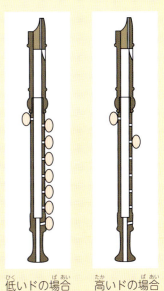

低いドの場合 / 高いドの場合

トロンボーンは、丸いふき口（マウスピース）にくちびるをあて、口をとじるようにして、息をふきこむ。くちびるのふるえをひびかせて音を出す。

クラリネットは、息をふきこむことで、リードとよばれるうすい板をふるわせて音を出す。

空気をふきこんで音を出す楽器のなかま

リコーダー、フルート、クラリネット、オーボエ、トロンボーン、サックス、トランペット、ホルンなど

ためしてみよう！ エッジトーンに挑戦

びんの口に下くちびるをあてて、息をふきこんでみましょう。「ボー」という低い音がします。これは、リコーダーと同じく、エッジ（びんの口のはし）に息があたって、空気のうずができたためにうまれた音です。フルートなどの横笛は、びんに息をふきこむのと同じ方法で音を出します。

第2章 生きものと音

41

音を伝えるための技術

ふだんわたしたちがきいている音は、うまれたさいしょのままの状態とはかぎりません。人間がうみ出した技術がかかわっていることも、たくさんあります。

🔊 音を大きくして伝える

人間が、はなれた場所にいる人に声で何かを伝えようとすれば、大きな声を出さなければなりません。しかし、人間が出せる声の大きさには、かぎりがあります。そのため現在では、音の情報を電気信号(電気の強さの情報)に変えることで、大きくする技術が利用されています。

電気信号を利用して音を大きくするしくみには、3つの装置が必要です。

まずひとつめは、マイクです。マイクは、入ってきた音を電気信号に変えるはたらきをもつ装置です。ただし、マイクでうまれる電気信号は、とても弱いものです。そこで次に、この電気信号をアンプという装置によって大きくします。さいごに、アンプによって大きくなった電気信号を、スピーカーという装置でもう一度音にもどします。すると、マイクに入ったときよりもはるかに大きな音が、スピーカーから出てきます。

電気信号は、音そのものにくらべて、大きくするのがかんたんです。だから、いったん電気信号に変えて大きくしてから、音にもどすのです。

音を大きくするしくみ

3つの装置を使うことで、小さな音が大きな音になる。

マイク　音を電気信号に変える。
アンプ　電気信号を大きくする。
スピーカー　電気信号を音に変えて出す。

小さな音 → 小さな電気信号 → 大きな電気信号 → 大きな音

🔊 音と磁石

音をいったん電気信号に変えることで大きくするときに、大きな役割をはたすのが、磁石の力です。

磁石の力がはたらいているところで、金属の線をぐるぐる巻きにしたもの（コイル）を動かすと、電気が流れます。マイクは、これを利用して空気のふるえを電気信号に変えています。

逆に、磁石の力がはたらいているところでコイルに電気を流すと、コイルに力がはたらいて、動きます。これを利用して、電気信号から空気のふるえをつくり出すのが、スピーカーです。

磁石の力と電気

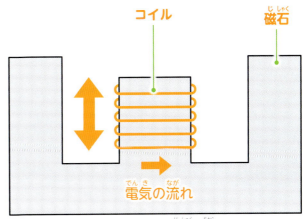

マイクとスピーカーはどちらも、磁石の力がはたらいているところでの、コイルの動きと電気の流れを利用している。

🎤 マイクのしくみ

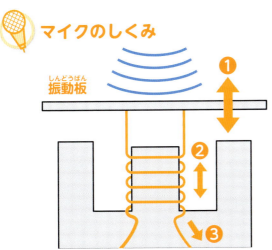

❶音（空気のふるえ）によって、振動板という板が動く。
❷それによって、振動板につながったコイルも動く。
❸コイルの動きによって、電気信号がうまれる。

🔈 スピーカーのしくみ

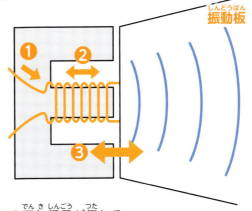

❶電気信号が伝わる。
❷電気が流れることで、コイルが動く。
❸コイルにつながった振動板が動き、音がうまれる。

🔉 スピーカーに大小があるわけ

上の図のように、スピーカーはラッパのような形の振動板をふるわせることで音を出すしくみです。ただ、じっさいのスピーカーを見てみると、このラッパのような振動板が大小ふたつついている場合があります。これは、出す音の周波数によって、大きい振動板がよい場合と、小さい振動板がよい場合があるためです。

小さい振動板は軽いので、細かくふるえて高い音を出すのに向いています。逆に、大きくて重い振動板は、ゆっくりふるえて低い音を出すのに向いています。

振動板が大小ふたつあるスピーカーでは、小さいほうは「ツイーター」、大きいほうは「ウーハー」と区別する。

音を遠くに伝える電話

わたしたちは、マイクを使ってもとどかないほど遠くにいる人に声を伝えたいと思ったとき、電話を使います。電話も、人間の声を電気信号に変えて伝えています。

電話は、1876年にグラハム・ベルによって発明されました。しかし、この電話は現在の電話とはちがい、受話口と送話口が同じで、しかも送話口で音声を電気信号に変えるはたらきが弱いものでした。

それを改善したのが、1877年にトーマス・エジソンが発明した電話です。送話口に炭素のつぶを使うことで、よりはっきりと音声が伝わるようになりました。エジソンの発明した電話は、その後、家庭で使われる固定電話の原型となり、改良をかさねながら今日まで使われています。

そして現在では、電波を使って電気信号を伝える携帯電話も登場しています。

電話のうつり変わり

受話口と送話口が同じ。音声を電気信号に変えるはたらきが弱いため、雑音が多く、ききとりにくかった。

世界でさいしょの電話のしくみ

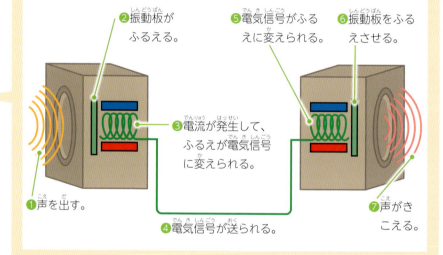

❶声を出す。
❷振動板がふるえる。
❸電流が発生して、ふるえが電気信号に変えられる。
❹電気信号が送られる。
❺電気信号がふるえに変えられる。
❻振動板をふるえさせる。
❼声がきこえる。

声によって振動板がふるえると、電流が発生し、相手の電話に電気信号が送られる。相手の電話が電気信号を受けとると、振動板がふるえ、声としてきこえる。

1890年代の電話機。受話口と送話口は、べつべつになっている。

1930年代(左)と1960年代(下)の電話機。受話口と送話口が両はしについた「受話器」をそなえる。

ためしてみよう！ スピーカーをつくろう

コイルと磁石でスピーカーをつくり、音をきいてみましょう。

準備するもの
- エナメル線　●紙コップ 2個　●ワニ口クリップコード 2本
- イヤホンの部分を切って、中の線を出したモノラルイヤホン　●ネオジム磁石
- 音楽プレーヤーなど、音が出るもの　●空きびん　●紙やすり　●きり　●セロハンテープ

❶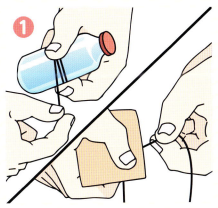

空きびんにエナメル線をまいてコイルをつくったら、両端をやすりでみがく。

❷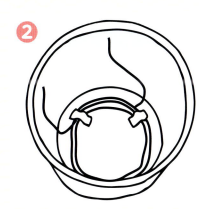

コイルを紙コップの内側の底に、セロハンテープでとめる。

❸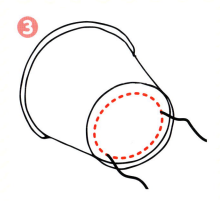

紙コップの底にきりで穴を2か所あけ、そこにコイルの両端を通して、外側に出す。

❹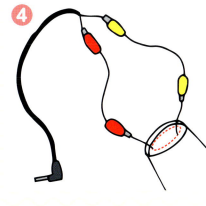

ワニ口クリップコードのいっぽうのクリップ部分を外側に出したエナメル線につなぐ。もういっぽうをイヤホンの線につなぐ。

❺

もうひとつの紙コップの底に、セロハンテープでネオジム磁石をはりつける。

❻

イヤホンのジャック部分を音の出るものにさしこみ、音楽を再生する。コイルをはった紙コップの内側に、磁石をはった紙コップを重ねたら、耳を近づけて音をきく。

第2章　生きものと音

音を記録する技術

わたしたちは、歌や音楽といった、記録された音をいつでも楽しむことができます。音を記録する技術はどのように発達してきたのでしょうか。

🔊 音の波を記録する

音を記録する技術のはじまりは、アメリカの発明家、エジソンが発明した「フォノグラフ」です。この装置は、音(空気のふるえ)で「振動板」とよばれる板をふるわせ、その先につけた針を動かします。その下には、回転しているつつをおき、きずがつきやすいように、うすく金属(すず)をはっておきます。針がこのつつをひっかいてきずをつけると、それが音の波の形の記録になります。そして、つつを回転させながら、このきずの上を針でなぞると、記録した音をきくことができます。

その後、このつつを円盤の形に変えた、レコードが考え出されます。さらに音を電気信号に変える技術(→42ページ)を組み合わせ、再生した音の大きさも変えられるようになりました。

アナログ

エジソンが発明したフォノグラフ。

円盤に音楽が記録された「レコード」は、長い間、人びとに親しまれた。

フォノグラフのしくみ

＜録音するとき＞

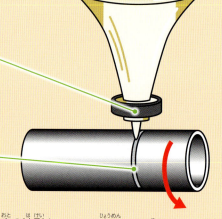

振動板
音(空気のふるえ)によって先についている針がふるえる。

針がふるえ、一定の速さで回転しているつつの表面に、きずがつく。

音の波形を、つつの表面にきずをつけることで記録する。

＜再生するとき＞

きずをつけたときと同じ速さでつつを回転させ、針をおしあてて、きずをなぞる。すると、針の先はきずに応じてふるえ、振動板もふるえて、音がうまれる。

🔊 アナログからデジタルへ

1980年代から使われはじめたCD（コンパクト・ディスク）は、それまでの音の記録方法を変えるものでした。それまでに使われていた方法は「アナログ」といい、音の波形をそのまますべて記録していました。しかし、CDでは、波形を細かく区切り、「0」と「1」だけであらわされる「デジタル信号」に変換して記録する「デジタル」という記録方法になったのです。

この方法を使うと、音を、量の少ないデータとして記録することができるので、たくさんの曲を録音することができます。また、一度記録してしまえば、何回きいても雑音が入りにくいのも特徴です。

アナログとデジタルのちがい

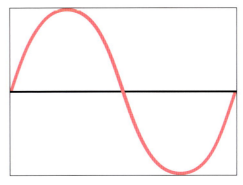

アナログでは、音の波形をそのまま記録する。

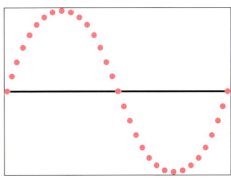

デジタルでは音の波形を点の集まりとして記録する。さらに、ひとつひとつの点が、0と1が並んだ信号であらわされる。

デジタル

音が記録されているのは、CDの裏側の銀色の面。

CDプレーヤーやパソコンなど、CDを再生できる装置には、レーザー光線を出す部分がある。

CDのしくみ

＜録音するとき＞

音を「0」と「1」のデジタル信号に変え、その情報を「ピット」とよばれるみぞとして、CDの表面にきざむ。ピットの長さや並び方に、情報がつまっている。

＜再生するとき＞

レーザー光線をあてて、光のはね返りによって、ピットの並びを読みとる。

音のふしぎ❷ 音楽室のかべに穴があいているのはなぜ？

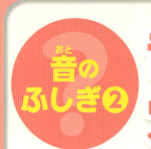

音は、ものにぶつかるとはね返る性質があります（→14ページ）。合唱などで大きな音を出す音楽室では、はね返る音が多いと、音がずれてきこえたり、合唱そのものの音がきこえにくくなったりします。

そのため、音をすいこむ穴のあいたかべを使うことで、音がひびきすぎないようにしているのです。音が穴にすいこまれると、はね返る音が少なくなるため、音がききやすくなります。

いっぽう、コンサートホールのような広い場所では、音をすいこむ以外にも、音が全体に広がるようにするためのくふうがされています。

音楽室の場合

穴を通った音はすいこまれる。はね返る音をへらすことで、合唱や楽器の演奏をしたり、音楽をきいたりするのに、ちょうどよいひびきになる。

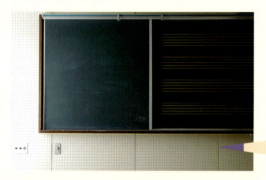

コンサートホールの場合

天井やかべがでこぼこしていて、平行な面が少ない。音がいろいろな方向にはね返るため、ホール全体に広がる。

かべに穴があいていると

はね返った音がひびく。
穴を通った音はすいこまれる。

かべがでこぼこしていると

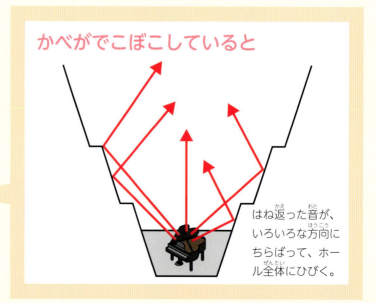

はね返った音が、いろいろな方向にちらばって、ホール全体にひびく。

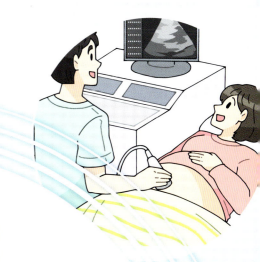

第3章
音の意外な活用法

わたしたちは毎日、音でコミュニケーションをとったり、いろいろな情報を伝えたりしています。でもそのほかにも、音がわたしたちの役に立っている場面がたくさんあります。

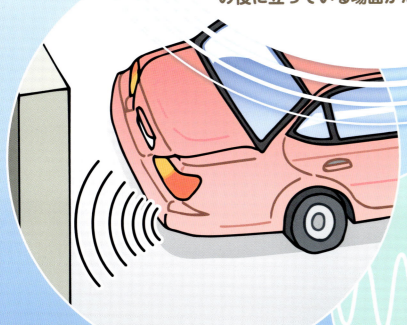

音でよごれを落とす 超音波洗浄

音と、よごれを落とすこと。何の関係もないように思えるこのふたつのことが、じつは強くむすびついています。そのかぎとなるのが、超音波です。

液体をふるわせて洗う

音は、空気をふるわせるのと同じように、液体をふるわせ、水の中でも伝わることができます。人間の耳にきこえる音よりも周波数が高い「超音波」（→26ページ）は、わたしたちがきくことのできる音よりも、さらに細かく液体をふるわせることができます。

この性質は、わたしたちの身のまわりで、もののよごれを落とすことに使われています。たとえば、めがね店に行くと、小さな水槽のようなものにめがねを入れ、きれいに洗う機械があります。これは超音波を使って、水をふるわせて洗っています。

超音波を使ってものを洗うのには、ふたつの方法があります。超音波のなかでも周波数が低いものと高いもので、洗い方が少しちがいます。

超音波を利用した歯ブラシ。ふつうの歯ブラシにくらべ、細かい振動で歯についたよごれが落ちやすいなどの効果がある。

低い周波数での洗い方

めがね店などに置かれている、洗浄装置。めがね以外にも、うで時計の金属バンドやアクセサリーなどを洗うのにも使われる。

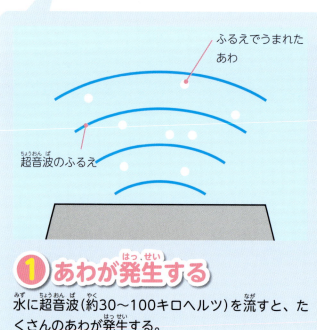

① あわが発生する

水に超音波（約30～100キロヘルツ）を流すと、たくさんのあわが発生する。

高い周波数での洗い方

周波数を高くすると、超音波によるあわが発生しにくくなるかわりに、水そのもののふるえの速さでものを洗うことができる。あわを利用した洗い方とちがい、洗うものをきずつける心配もない。「ウェハー」とよばれる、コンピュータの部品の材料を洗うことなどに利用されている。

とても高い周波数の超音波でふるわせた水の流れを、ウェハーにあてる。高速でふるえる水の流れによって、よごれをふり落とす。

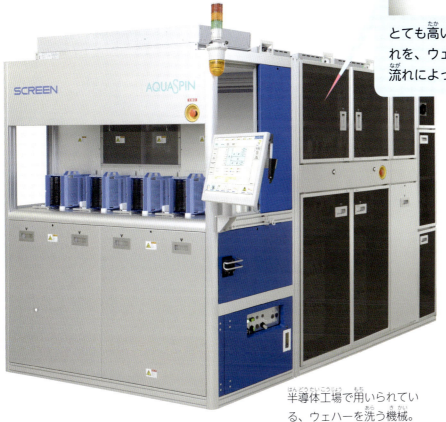

半導体工場で用いられている、ウェハーを洗う機械。

ウェハーは、コンピュータなどに使われる半導体という部品の材料になる。小さなよごれがあるといけないため、高い周波数で洗われる。

第3章 音の意外な活用法

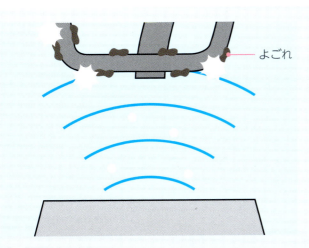

❷ あわがはじける

発生したあわは、洗うものにぶつかってはじける。このとき、大きな力が発生する。

❸ よごれが落ちる

❷の力で、よごれがはがれ落ちる。ただし、この力は強力なので、洗うものをきずをつけてしまうことも。

音でようすを調べる　超音波センサー

メジャーをもって歩いていかなくても、遠くにあるものまでの距離がはかれるとしたら、便利ですね。音をうまく利用すると、そんなこともできます。

超音波のはね返りを利用する

トンネルの中で「オーイ」とさけぶと「オーイ」と声が返ってくるのは、音がかべにはね返されるからです。このように音には、ものにあたると、はね返る性質があります（→14ページ）。

このとき、音の速さは決まっている（→12ページ）ので、音を出してから、はね返ってもどってくるまでの時間をはかっておけば、はね返したものがどれだけはなれているか、計算で求めることができます。

人間の耳にきこえる周波数の音はあちこちに広がりますが、それよりも周波数が高い超音波（→26ページ）は、まっすぐに進みやすい性質があります。その性質を利用して、距離をはかる目的で使われているのが「超音波センサー」です。

超音波センサーの基本的なしくみ

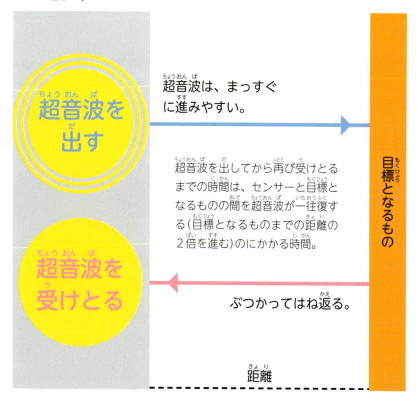

●目標となるものまでの距離の求め方

センサーは超音波を出してから、再び受けとるまでの時間をはかっている。音の速さは決まっているので、かかった時間を使って、次のような式で距離を求めることができる。

$$距離 = 音の速さ × 時間 ÷ 2$$

※音の速さは、空気中では15℃で約340m／秒。

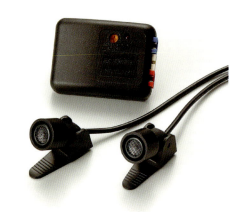

超音波センサーの例。ふたつある丸い部分のうち、かたほうが超音波を出すスピーカー、もうかたほうが受けとるマイクになっている。

はね返りから読みとる情報

超音波センサーを使うと、決まった範囲に、ぶつかるものがあるかないか、また、それがどのくらいはなれているかがわかります。

さらに、近づけば周波数が高くなり、遠ざかれば低くなるという「ドップラー効果」（→20ページ）から、そのものが動いているかどうか、またどちらに向かって、どのくらいのスピードで動いているのかもわかります。

これは、コウモリがしている超音波の活用と同じです（→31ページ）。

超音波センサーが使われているものの例

●自動車の安全のためのセンサー

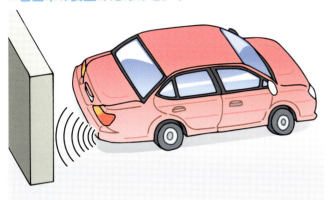

車の前後につけたセンサーから超音波を出して障害物にあて、距離をはかったり、何かにぶつかりそうになったら、危険を知らせたりする。

●配管のきずの点検

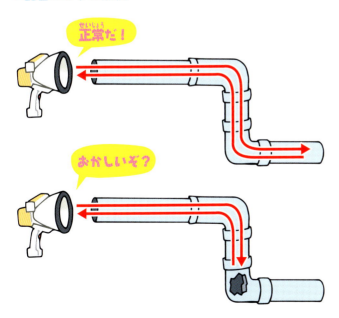

水道管やガス管などの配管に超音波を流すと、正常な場合は正しくはね返ってくるが、きずがある場合は、はね返り方が変わる。

●魚群探知機

水中に向けて超音波を出し、はね返ってきたようすから、魚がいるかどうかや種類、海底の形などを知ることができる。

音を医学に役立てる

超音波による診断と治療

音は、わたしたちの健康を守ったり、病気を治療したりするのにも利用されます。そのため、病院などには、超音波を利用したさまざまな器具が置かれています。

🔊 超音波でからだの中を調べる

超音波のはね返りを利用して、ようすを調べる超音波センサー（→52ページ）のしくみは、病院でも使われています。「エコー」などとよばれる、超音波診断です。

人間のからだの中には、水分がたくさんあるので、音がよく伝わります。からだの中に超音波を送り、そのはね返り方で、健康状態や、悪い部分がないかを調べます。細かい部分も見られるように、数百万ヘルツという高い周波数の超音波が使われることもあります。読みとった情報はすばやくモニターに送られ、画像で見ることができます。

超音波診断のしくみ

超音波診断は、女性のお腹の中の赤ちゃんのようすを調べるのにも使われている。

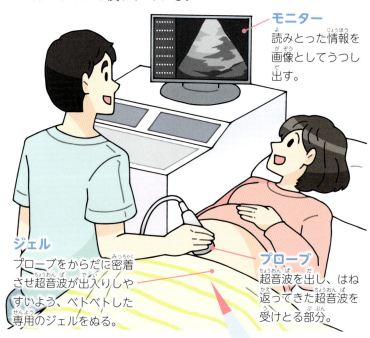

モニター — 読みとった情報を画像としてうつし出す。

ジェル — プローブをからだに密着させ超音波が出入りしやすいよう、ベトベトした専用のジェルをぬる。

プローブ — 超音波を出し、はね返ってきた超音波を受けとる部分。

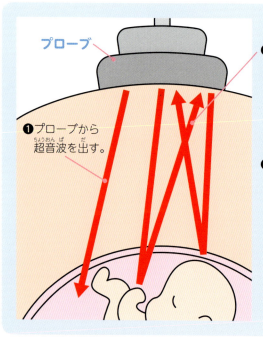

プローブ

❶ プローブから超音波を出す。

❷ 骨や臓器などにあたって、超音波がはね返る。プローブは、はね返ってきた超音波を受けとる。

❸ プローブを動かして、さまざまな角度から超音波を当て、はね返ってくるまでにかかった時間などを計測する。このデータをもとに、からだの中のようすを画像としてうつし出す。

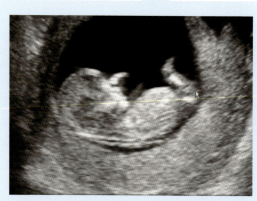

超音波診断装置で見た、お腹の中の赤ちゃん。

超音波のふるえを利用する

超音波のふるえる力そのものを、治療に活かす方法もあります。手術などで使う道具を使いやすく便利にすることができるほか、強力な超音波の力を利用しておこなう手術もあります。

超音波を利用した治療や道具

● 超音波で石をくだく手術

腎臓や、尿管（おしっこが通るくだ）に石ができてしまう病気の手術に、超音波が使われている。石に向け、超音波を集めて発信すると、そのふるえは、すばやく強力な力をもつ波になって石にぶつかり、石をくだく。

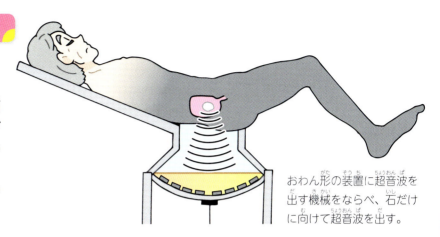

おわん形の装置に超音波を出す機械をならべ、石だけに向けて超音波を出す。

● 超音波メスで切る

メスの先を超音波でふるわせて、血液をかためながら、からだを切ることができる。そのため、手術のときの出血が少なくてすむ。

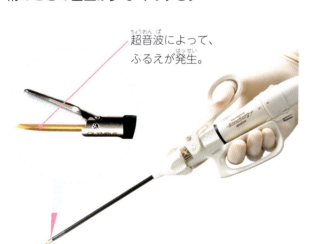

超音波によって、ふるえが発生。

● 歯垢をとる

歯科医院で使われる歯垢をとる道具にも、超音波が使われている。超音波で先を細かくふるわせて歯垢をとりのぞきながら、水で洗い流す。

● 超音波で痛みを和らげる

超音波をからだにあてることで、痛みなどを和らげる治療器具もある。ふるえによってマッサージの効果をうむほか、超音波があたるときに出る熱で、からだの深い部分まであたためることができる。

超音波が出る部分。ここをからだにあてる。

第3章 音の意外な活用法

音で加工する 超音波加工

音は、工業の分野でも活やくしています。超音波のふるえる力が、ものどうしをくっつけたり、穴をあけたりすることに利用されているのです。

))) ふるえを利用して、加工する

超音波は、わたしたちの身のまわりにあるさまざまなものを加工するのにも使われています。

たとえば、カップめんのふたは、本体にぴったりとくっついていますが、これは接着剤を使ってはっているわけではありません。超音波のふるえによって、ふたと容器の間に熱をうみ出し、容器をとかしてくっつけているのです。

また、かたくてもろいガラスや陶器に穴をあけたいとき、ふつうの工具を使うだけでは、われてしまいます。しかし、超音波のふるえを利用することによって、そのような素材も切ったり穴をあけたりといった加工がしやすくなります。

超音波ではる

くっつけたい材料に力を加えて、超音波でふるわせる。熱で材料がとけて1秒ほどでくっつく。

超音波でくっつける技術は、卵のパックやカップめんの容器など、身のまわりのさまざまなものに使われている。

○が超音波でくっつける部分。

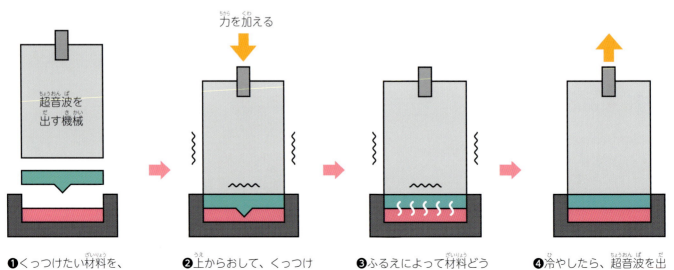

❶くっつけたい材料を、セットする。

❷上からおして、くっつけたい材料のかたほうを超音波でふるわせる。

❸ふるえによって材料どうしがこすれあい、熱がうまれ、とけてくっつく。

❹冷やしたら、超音波を出す機械を外す。

超音波で穴をあける

超音波でものに穴をあけるときは、工具のまわりに細かいダイヤモンドのつぶをくっつけ、回転させながら超音波でふるわせる。

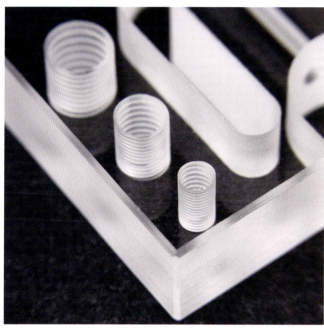

超音波を利用することで、ガラスにごく細いねじ穴をあけるなどの、難しい加工ができるようになる。

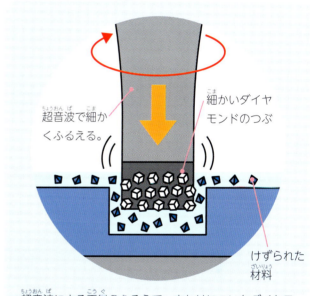

超音波による工具のふるえで、まわりについたダイヤモンドのつぶがぶつかり、加工する材料が少しずつけずられていく。

広がる超音波モーター

超音波が工業の分野で利用されている例としては、「超音波モーター」というものがあります。現在、わたしたちのまわりで使われているモーターの多くは磁石の力を使ったものですが、超音波モーターはそれらにくらべて、つくりがかんたんで、小さく軽くできるなどの長所があります。超音波モーターは、カメラやうで時計など、さまざまなところで使われています。

つつの部分がのびちぢみすることで、写真にうつる範囲を変えることができる、カメラのズームレンズ。自動でピントを合わせるときの動きに、超音波モーターが使われている。

音とミクロの世界 — 超音波顕微鏡／超音波加湿器

超音波は、ごく小さいものの世界でも利用されます。肉眼ではとらえられない小さなものを見たり、小さな水のつぶをつくって生活に役立てたりする技術もあります。

))) ミクロの世界を見る

　超音波をものにあて、そのはね返りでようすを調べるしくみは、超音波センサー（→52ページ）や、超音波診断（→54ページ）でも使われていますが、超音波をより小さな一点に集め、1000分の1mm、「マイクロメートル」の世界をさぐるのが、超音波顕微鏡です。顕微鏡には、学校の理科室にもある光学顕微鏡や、さらに小さなものを見られる電子顕微鏡などがありますが、超音波顕微鏡は、表面の状態を見るだけでなく、材料のかたさや性質も調べられるのが特徴です。

超音波顕微鏡のしくみ

医療現場などで使用される超音波顕微鏡。

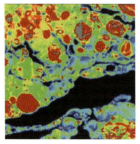

超音波顕微鏡で見た人間の甲状腺の細胞の画像。

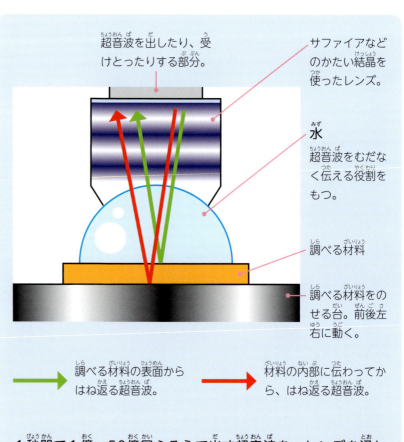

- 超音波を出したり、受けとったりする部分。
- サファイアなどのかたい結晶を使ったレンズ。
- 水　超音波をむだなく伝える役割をもつ。
- 調べる材料
- 調べる材料をのせる台。前後左右に動く。

→（緑）調べる材料の表面からはね返る超音波。
→（赤）材料の内部に伝わってから、はね返る超音波。

　1秒間で1億〜50億回ふるえて出す超音波を、レンズを通して、調べる材料の一点に集める。そして、はね返った超音波を受けとり、画像であらわす。また、内部に伝わってからはね返る超音波もあるため、その速さをはかれば、調べる材料のかたさなどを知ることができる。

ミクロの霧をつくる

　超音波洗浄では、水を超音波でふるわせ、細かいあわをつくって、よごれを落とすのに利用します（→50ページ）。ところが、水からあわだけでなく、ひじょうに小さなミクロのつぶの霧をつくることもできます。

　加湿器が霧を出すには、いくつかの方法がありますが、そのなかに、超音波を使った「超音波加湿器」があります。水に超音波をあててつくった霧を、送風機で部屋の中に送り出します。水を加熱しないので、やけどをする心配もありません。

　ほかにも、病院で使われる吸入器などにも超音波の霧を利用したものが登場しています。

超音波で霧をつくるしくみ

水面に向かって、水中から超音波をあてると、細かい水の柱ができる。この柱から飛び散る水のつぶが霧となる。水のつぶの大きさは、超音波の周波数などによって変わる。

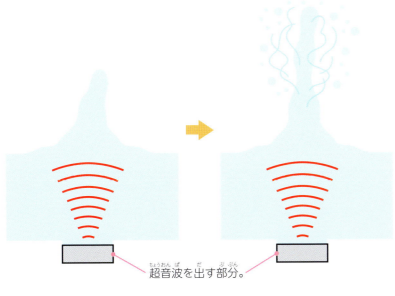

超音波を出す部分。

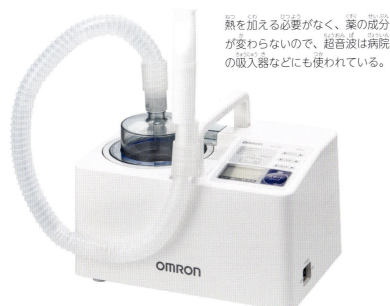

熱を加える必要がなく、薬の成分が変わらないので、超音波は病院の吸入器などにも使われている。

超音波で人工的に雪を降らせる

　人工的に雪をつくる機械のことを「人工降雪装置」といいますが、そのなかには、超音波で霧をつくるしくみが利用されているものがあります。

　まず超音波加湿器と同じ方法で霧をつくって、マイナス20℃以下に冷やします。そして、同じ場所に「氷晶」とよばれる、ごく細かい氷のつぶを入れると、氷晶のまわりに霧の水分がくっついて、雪ができあがるのです。

　じつはこれは、自然に降る雪と同じしくみです。

超音波を利用し、自然と同じしくみで雪をつくることができる人工降雪装置。

音で音を消す　アクティブノイズコントロール

じつは音には、ほかの音によって消すことができるという性質があります。この性質を利用して騒音を減らす技術も、さまざまな場面で活用されています。

🔊 音の波には反対の形がある

空気をふるわせて伝わる音は、波形であらわすことができます（→16ページ）。そこでまず、騒音となる音を録音し、その波形を調べます。そして、その波形と打ち消し合うような、反対の波形の音をつくります。騒音がきこえる場所に、この音を流すと、波と波が打ち消し合って、音がほとんどきこえなくなるのです。音を消すためのこのような方法を「アクティブノイズコントロール」といいます。

ただし、騒音となる音の大きさや高さは次つぎと変化しているので、それをすばやく読みとり、反対の波形の音をつくって出すのは、かんたんではありません。また、街の中には、たくさんの音があるので、騒音となる特定の音だけをとり出す技術も必要です。

アクティブノイズコントロールのしくみ

音がもつ波としての性質を利用して、音で音を打ち消す。

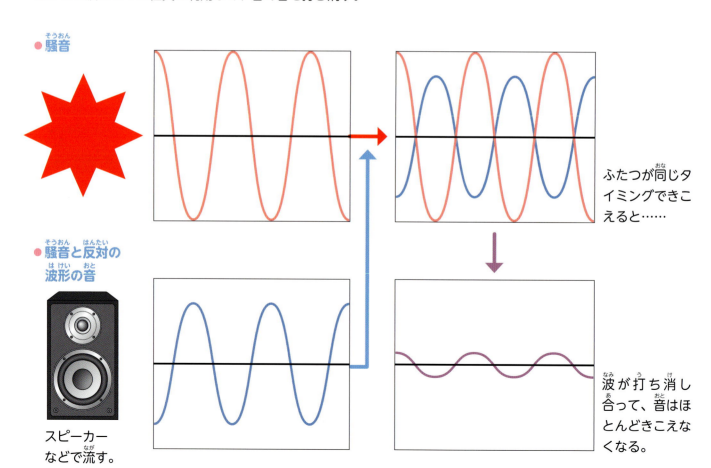

● 騒音

● 騒音と反対の波形の音

スピーカーなどで流す。

ふたつが同じタイミングできこえると……

波が打ち消し合って、音はほとんどきこえなくなる。

現在使われている技術

アクティブノイズコントロールは、自動車の中や家の中などで、すでに実際に使われています。車の中にこもるエンジンの音、冷蔵庫やエアコンの音などは、音そのものや、発生するタイミングにある程度法則があるので、打ち消しやすいのです。

また、工事現場で使われる大きな機械の音や、工事現場全体の騒音を音を使っておさえる技術も、研究・開発が進んでいます。

音を消す技術の使われ方

● 自動車に

車内の音をマイクで集め、オーディオシステムの中で打ち消すための音をつくって、スピーカーで流す。

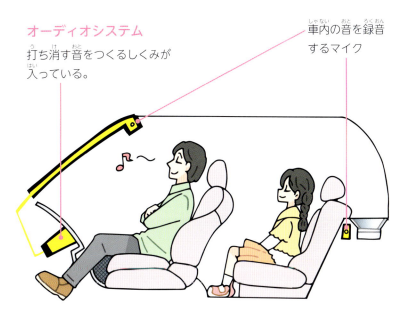

オーディオシステム
打ち消す音をつくるしくみが入っている。

車内の音を録音するマイク

● イヤホンやヘッドホンに

マイクで集めたまわりの騒音をもとに、打ち消す音をつくる。そして、きいている音楽などといっしょに流すと騒音が消え、音楽がよくきこえる。

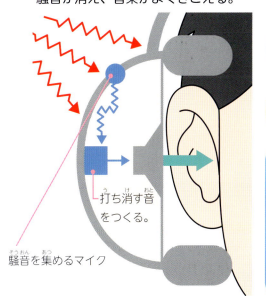

打ち消す音をつくる。

騒音を集めるマイク

● 工事現場の機械に

工事に使う大きな機械にマイクとスピーカーをつけて、騒音を打ち消す音を流す。これによって、機械から発生する音を減らすことができる。

スピーカー
排気口
騒音を拾うマイク

もっとも大きな音が出る排気口の近くに、スピーカーがつけられている。

音のことをもっと知ろう！

もっと音について知りたくなったら、音について学べる展示をおこなっている施設に行ってみましょう。このほかにも、各地の科学館で、音についての展示をおこなっていることがあります。

＊このページに掲載した情報は、2016年3月現在のものです。

ソニー・エクスプローラサイエンス

音と光をテーマにした体験型の科学館です。自分の声を加工したり、いろいろな音をきいたりして、楽しみながら学ぶことができます。

- 東京都港区台場1-7-1　メディアージュ5F
- 開館時間　11:00～19:00（入館は18:30まで）
- 電話番号　03-5531-2186
- 入館料　3～15歳300円／16歳以上500円
- 休館日　毎月第2・第4火曜日、年末年始ほか
- ホームページ　http://www.sonyexplorascience.jp/

超音波科学館

超音波の技術や、超音波を使った製品の展示がおこなわれています。超音波の利用の歴史を学ぶこともできます。見学には、事前の予約が必要です。

- 愛知県豊橋市大岩町小山塚20番地
- 電話番号　0532-41-2511
- 開館時間　10:00～12:00／13:00～16:00
- 入館料　無料
- 休館日　毎週土・日曜日／祝日
- ホームページ　http://www.honda-el.co.jp/

札幌市青少年科学館

音や楽器のしくみについて学べる、音・光の展示コーナーや、超音波加湿器を使って雪をつくる人工降雪装置があります。

- 北海道札幌市厚別区厚別中央1条5-2-20
- 電話番号　011-892-5001
- 開館時間　5～9月　9:00～17:00／10～4月　9:30～16:30（入館は閉館の30分前まで）
- 入館料　中学生以下無料／大人700円
- 休館日　毎週月曜日／毎月最終火曜日／年末年始ほか
- ホームページ　http://www.ssc.slp.or.jp/

浜松市楽器博物館

世界中のいろいろな楽器が展示され、ヘッドホンなどで100種類以上の音色がきけます。また、スタッフによる展示解説が毎日おこなわれているほか、体験ルームでは演奏体験も楽しめます。

- 静岡県浜松市中区中央3-9-1
- 電話番号　053-451-1128
- 開館時間　9:30～17:00
- 入館料　中学生以下無料／高校生400円／大人800円
- 休館日　毎月第2・第4水曜日／年末年始ほか
- ホームページ　http://www.gakkihaku.jp/

さくいん

この本に出てくるおもなことばを、50音順にならべています。数字は、のっているページです。

あ行

- アクティブノイズコントロール ……… 60
- アナログ ……… 47
- アンプ ……… 42
- エッジ ……… 41
- 音圧レベル ……… 33、34
- 音階 ……… 36
- 音孔 ……… 41

か行

- 回折 ……… 15
- 蝸牛 ……… 24
- 管楽器 ……… 41
- 気管 ……… 22
- 吸収 ……… 14
- 協和音 ……… 37
- 屈折 ……… 15
- 弦楽器 ……… 39
- 鍵盤楽器 ……… 40
- コイル ……… 43
- 骨伝導音 ……… 25
- 鼓膜 ……… 24

さ行

- 耳介 ……… 24、29
- 耳小骨 ……… 24
- 舌 ……… 31
- 周波数 ……… 17、23、26、28、33、36
- 振動板 ……… 46
- スピーカー ……… 42
- 声帯 ……… 22
- 絶対音感 ……… 37
- 騒音 ……… 34
- 側線 ……… 29

た行

- 大脳 ……… 31
- 体鳴楽器 ……… 38
- 打楽器 ……… 38
- ダンパー ……… 40

超…

- 超音波 ……… 26、28、30、50、52、56
- 超音波加湿器 ……… 58
- 超音波顕微鏡 ……… 58
- 超音波診断 ……… 54
- 超音波センサー ……… 52、54
- 超音波洗浄 ……… 50
- 超音波メス ……… 55
- 超音波モーター ……… 57
- 超低周波 ……… 26、28
- 聴力 ……… 28
- デジタル ……… 47
- デジタル信号 ……… 47
- デシベル ……… 33、34
- 電気信号 ……… 42
- 電話 ……… 44
- 透過 ……… 14
- ドップラー効果 ……… 20、53

な行

- 内耳 ……… 29
- 波 ……… 16
- 音色 ……… 17

は行

- 肺 ……… 22
- 波長 ……… 20
- 反射 ……… 14
- フォノグラフ ……… 46
- 不協和音 ……… 37
- ヘルツ ……… 26、33

ま行

- マイク ……… 42
- 膜鳴楽器 ……… 38
- 鳴管 ……… 31
- モスキート音 ……… 27

ら行

- リード ……… 41
- レコード ……… 46